创意行为：

存在即答案

The
Creative
Act:
A
Way
of
Being

Rick
Rubin

［美］
里克·鲁宾 著
重轻 译

中信出版集团 | 北京

图书在版编目（CIP）数据

创意行为：存在即答案 /（美）里克·鲁宾著；重轻译. -- 北京：中信出版社，2025.4（2025.6重印）
书名原文：The Creative Act: A Way of Being
ISBN 978-7-5217-6552-6

Ⅰ.①创… Ⅱ.①里…②重… Ⅲ.①创造心理学 Ⅳ.①G305

中国国家版本馆 CIP 数据核字（2024）第 103167 号

The Creative Act by Rick Rubin
Copyright © 2023, Rick Rubin
Copyright licensed by Canongate Books Ltd.
arranged with Andrew Nurnberg Associates International Limited
Simplified Chinese translation copyright © 2025 by CITIC Press Corporation
ALL RIGHTS RESERVED
本书仅限中国大陆地区发行销售

创意行为：存在即答案
著者：　　［美］里克·鲁宾
译者：　　重轻
出版发行：中信出版集团股份有限公司
　　　　　（北京市朝阳区东三环北路 27 号嘉铭中心　邮编　100020）
承印者：　北京盛通印刷股份有限公司

开本：880mm×1230mm 1/32　　印张：13　　字数：242 千字
版次：2025 年 4 月第 1 版　　　　印次：2025 年 6 月第 3 次印刷
京权图字：01-2024-2797　　　　　书号：ISBN 978-7-5217-6552-6
定价：88.00 元

版权所有·侵权必究
如有印刷、装订问题，本公司负责调换。
服务热线：400-600-8099
投稿邮箱：author@citicpub.com

我们的目的不是制造艺术，
而是要进入那美妙的境界，
让艺术无可避免地发生。

——罗伯特·亨利[1]

---

[1] 罗伯特·亨利（Robert Henri，1865—1929），美国画家、教师。——译者注

目录

78个思想领域

CONTENTS

78 Areas of Thought

人人都是创作者	001	规则	095
调谐	005	反其道亦为真	105
创造力的源泉	013	聆听	107
觉察	019	耐心	111
容器和滤器	025	初学者心态	115
未见之地	031	灵感	125
寻找线索	037	习惯	131
实践	043	种子	141
浸入（伟大作品）	049	试验	147
自然作为老师	051	尝试一切	155
没有什么是静止的	055	制作	161
向内看	059	势头	167
回忆与潜意识	061	视角	175
常在	065	打破成规	181
环境	067	完成	189
自我怀疑	071	丰盛之心	199
虚构	075	试验者和完成者	203
分心	083	临时规则	205
共同创作	087	伟大	213
意图	091	成功	217

抽离而不断开（可能性）	223	饱受折磨的人	313
狂喜	225	适合你的方法（相信）	315
参考点	229	适应	319
非竞争	231	翻译	323
精髓	235	一笔勾销	327
伪经	241	情境	331
屏蔽（破坏性的声音）	247	（过程中的）能量	335
自我觉察	251	结束，为了新的开始（再生）	341
近在眼前	255	玩耍	345
时间的耳语	259	艺术习惯（僧伽）	351
期待惊喜	263	自我的棱镜	355
巨大的期望	267	顺其自然	361
开放	273	合作	363
围绕闪电	279	真诚的困境	371
24/7（置身其中）	285	守门人	377
自发性（特殊时刻）	289	为什么创作艺术？	383
如何选择	295	和谐	389
深浅和程度	299	我们对自己说的话	395
结果（目的）	303		
自由	307		

这本书里并没有什么是客观真实的。
它们是对我所注意到的事物的反思，
比起事实，更多是思想。

一些想法可能会引发共鸣，
另一些可能不会。
也许个别的想法，
能唤醒你曾经意识到的内在知识。
提取有用的部分，放下其他的。

每一个如是瞬间，都是一次邀请：
深入探索，缩放视角；
开启一切新的存在方式的可能。

人人都是创作者

不从事传统艺术的人,可能会对自称"艺术家"这件事感到忐忑。他们可能认为创造力是种超凡的、超出自己能力范围的东西,只在具备天赋的少数人身上存在。

好在情况并非如此。

创造力并不是罕见的能力。它并不难获得。身为人类,创造力是我们的基本特点。我们从出生就具备创造力。它属于我们每一个人。

创造力不只限于艺术创作。我们每个人的日常生活都涉及创造。

　　所谓创造，就是把一些之前不存在的事物带入现实。它可以是开展一次对话、解决一个问题、给朋友留一张便条、重新布置房间中的家具、选择另一条路线回家以避开交通拥堵。

　　你的创作不是非得被见证、被记录、被售卖或被装裱，才能成为艺术作品。在平凡的存在状态之中，我们时刻创造着自己的现实经验，构成我们所感知的世界。这已经让我们以最深刻的方式成为创作者。

　　我们时刻沉浸在混沌物质的领域，用感官收集信息碎片。我们所感知的外部宇宙并不像这样。我们的现实，是我们在自身内部通过一系列的电反应和化学反应生成的。我们创造森林和海洋、温暖和寒冷。我们阅读，聆听，阐释。接着，在一些瞬间，我们做出反应。这一切都发生在我们自己创造的世界里。

　　无论我们的艺术创作正式与否，我们都在以艺术家的身份活着。我们感知、过滤并收集数据，然后基于这个信息集合来构建自己和他人的体验。我们只要活着，就是这个创造过程持续而积极的参与者，无论是有意识的还是无意识的。

　　像艺术家那样生活，是一种存在方式。一种感知方式。一种对注意力的实践。我们提升自身的敏感度，向更微妙的音符调谐。我们寻找吸引我们的东西和推开我们的东西。我们注意到不同声响引发的不同感觉，并体会它们在指向什么。

调谐的选择一个接一个，连成了你的整个生活——一种自我表达的形式。在创造性的宇宙里，你作为创造性的个体存在着。这本身即是独一无二的艺术。

调 谐

把宇宙想象成恒久的、创造性的发生。

树木开花。

细胞增殖。

江河分出新的支流。

创造的能量在世界里跃动,这个星球上所有存在的事物,都由这种能量驱动。

宇宙在发生着,万事万物都在完成自己应该做的事,它们都在代表宇宙运转,以自己的方式,忠实于自己创造的冲动。

就像树生出美丽的花果,人创造出美丽的艺术作品:金门大桥、白色专辑[1]、《格尔尼卡》[2]、圣索菲亚大教堂、斯芬克司、航天飞机、德国高速公路、《月光》[3]、古罗马斗兽场、菲利普斯螺丝刀、iPad(苹果平板电脑)、费城芝士牛肉三明治等。

随便看看你周围:值得欣赏的杰作俯拾即是。每一件都是人性忠于自身的表现,一如蜂鸟筑巢,桃树结果,积云降雨。

每一个鸟巢、每一只桃子、每一滴雨和每一件伟大的作品都是独特的。也许有些树看起来比其他树结出了更美的果实,有些人看起来比别人创作了更伟大的作品,但味道和美丽只存在于观察者的眼中。

云怎么知道何时下雨?树怎么知道春天何时到来?鸟怎么知道何时该筑造新巢?

宇宙的运转就像一个时钟:

凡事都有定期

万务都有定时

生有时,死有时

栽种有时,收获有时

杀戮有时,治愈有时

笑有时,哭有时

建造有时，摧毁有时

跳舞有时，哀恸有时

争战有时，合作有时

这些节奏并不是由我们自己设定的。在我们所参与的这个更大的创造里，我们不是指挥者。我们在被指挥。艺术家遵循宇宙的时间表，正如自然里的一切成员。

如果你有一个激动人心的想法，又不把它变成现实，那这个想法通过另一个创作者找到表达的出口也不奇怪。这不是另一个艺术家窃取了你的想法，而是这个想法的时机已到。

在这场浩瀚的发生里，想法、思想、主题、歌曲和其他艺术作品都存在于以太中，它们按时成熟，准备在物质世界中得到表达。

作为艺术家，我们的工作是汲取这些信息，转译它们、分享它们，就如同我们是宇宙广播的翻译员。最好的艺术家往往是那些天线极为敏感的人，是那些在特定时刻能在共振中汲取能量的人。很多伟大的艺术家最初发展出敏感的天线不是为了创造艺术，而是为了保护自己。他们要保护自己，因为痛苦对他们比对别人来说更强烈。他们对事物感觉更深。

⊙

艺术经常以运动的形式出现。近年来的例子包括包豪斯建筑、抽象表现主义、法国新浪潮电影、垮掉派诗歌、朋克摇滚等。这些运动的出现就像潮水,有些艺术家能够读懂,并很好地驾驭文化运动;另一些人可能也看到了潮水,但选择逆流而泳。

我们都有接收创造性思想的天线。有的信号强劲,有的信号微弱。如果你的天线调谐得不够敏感,那你很可能会在噪声的掩盖下丢失数据。尤其是,这传来的信号通常比我们通过身体感官收集的更加微妙。它们不那么实在,但颇具能量;我们不太能有意识地记录它们,但可以凭直觉感受到。

大多数时候,我们是通过 5 种感官从世界中收集数据的。随着信息以更高的频率传输,一种无法在物理层面把握的能量物质流经我们。它没有逻辑,就像一个电子可以同时存在于两个位置。这种难以捉摸的能量非常宝贵,因为很少有人自我敞开到能捕捉它的程度。

那么,我们如何拾取既无法收听,也无从定义的信号呢?答案不是去寻找,也不是试图去预测或分析。相反,我们创造一个开放的空间,允许它在里面存在。这个空间完全没有我们日常的堆积阻塞的思想状态,就像真空一样,将宇宙已经解锁的想法汲取出来。

  这种自由并不像人们想象的那样难以实现。我们都从这里开始。作为孩童，我们从接收信息到内化信息，遇到的干扰比成年人少得多。我们充满喜悦地接纳新信息，而不是将其与我们已有的信念加以比较；我们活在当下，不记挂未来的后果；我们更具自发性，而非分析性；我们充满好奇，不知疲倦。即使是生活里最平凡的经历也能唤起敬畏之情。深深的悲伤和强烈的激动，可能在片刻间交替出现。我们也不会受到读故事时所产生的层层假象和情感依赖的蒙蔽。

  那些能够持续创作伟大作品的艺术家，往往设法保住了自己的这些孩童般的特质。去实践这样的存在方式吧，它允许你用一双未被腐化的、纯真的眼睛看世界，可以让你的行动与宇宙的时间表完美契合，丝丝入扣。

---

1 指披头士乐队（the Beatles）于 1968 年发行的第 9 张同名专辑 *the Beatles*，因封面为白色而得名。——译者注
2 毕加索于 1937 年创作的绘画作品。——译者注
3 德彪西于 1890 年创作的钢琴组曲《贝加莫组曲》的第三乐章。——译者注

特定的想法，会在某个特定的时刻到来，
它会找到一种方式，
经由我们表达它自己。

创造力的源泉

一切都可以作为开始:

一切被看见的,

一切已完成的,

一切被思考的,

一切感受到的,

一切想象里的,

一切被遗忘的,

以及一切在心中涌动着,未意识到和未说出的。

这是我们的基础素材，从这里开始，我们构建每一个创作的时刻。

这些东西并不来自我们内在。这源泉在外部，是围绕着我们的智慧，是永远可以取用、永远不会枯竭的馈赠。

我们可以通过经历来感知它、记住它或将它调谐，也可以经由梦境、直觉、碎片化的潜意识或者其他从外部探索内在的未知方式。

我们的头脑告诉自己，这些素材似乎来自我们的内在。但那只是一个幻觉。这浩渺无边的源泉，以碎片的形态存在于我们体内。这些珍贵的雾状碎片从我们的无意识中升腾而起，凝结成一个念头。一个想法。

⊙

你可以试试，把源泉想象为一朵云。

云从来不会真正消失，它们只是改变形态，化作雨水，汇入海洋，然后蒸发，又回到云的状态。

艺术也一样。

艺术就是带着能量的思想在循环流通。之所以看似新颖，是因为它每次回归都以不同的方式重组。没有两朵云是一样的。

这就是为什么当我们被一件新的艺术作品打动时,我们会与它产生深层的共鸣。或许这恰恰是熟悉的东西,以新鲜的形态回到我们面前。它也可能是我们意识不到自己一直在寻找的秘密之物。一块缺失的拼图,来自一个无尽的谜题。

将一个想法带入现实，
它可能看起来变小了似的，
从无形到有形。

想象无界。
物质有界。
创造在两侧都有所作为。

觉察

在我们的日常活动中,我们针对事项,制定实现手头目标的策略。这相当于我们创造了一个程序。

觉察的运作方式不同。程序正在我们周围发生。是世界在行动,我们只是在见证。我们对内容几乎没有控制力。

觉察是我们的天赋,使我们能够在此时此刻观察外界和自己内心正在进行的活动。而且我们可以在不干涉观察对象的情况下做到这一点。我们可以注意到自己的身体感觉、生生灭灭的思绪和感受、声音或图像、气味和味道。

通过抽离式的留意，觉察允许一朵花、一件作品或者一切事物，在我们不干预的情况下更多地展现自身。

觉察不是你能强行进入的状态。它几乎不需要努力，但确实需要持之以恒。它是你主动允许发生的。在永恒的当下，正发生着种种变化。觉察，就是接受这些变化的存在，并与它们同在。

一旦你给源泉的某个方面贴上标签，你就不是在注意它，而是在研究它。任何把你从当下拽出来，让你不能继续和觉察的对象同在的念头，都会导致这个变化，无论是试图分析，还是觉察到了自己的觉察。分析只是一个次级功能。觉察最先发生，它就是与你注意到的事物的纯粹连接。如果有一件事让我觉得有趣或美妙，我会首先停留在那个体验里。事后我才会尝试去理解它。

虽然我们无法改变具体被哪个事物引起注意，但我们可以改变注意的方式。

我们可以拓宽我们的觉察，也可以收窄它，可以睁眼或闭眼来体验它。我们可以让内在安静，从而更多地感知外在事物，或者让外在安静，从而更多地注意内在事物。

我们可以凑近某物，尽可能地贴近观察，以至于让它是其所是的基本特征都消失了；也可以后退，远远看去，它就像是另一个全新的事物。

我们对宇宙的感知有多大,宇宙就有多大。我们陶冶自己的觉察方式,就是在拓展宇宙。

这不仅扩大了我们创作素材的范畴,也扩大了我们生命的范畴。

深度观察的能力，
是创造力的根基。
透过普通和平庸，
看见原本隐形之物。

容器和滤器

每个人都有一个内部空间。数据持续不断地填充进去。

它保存着我们的思想、感觉、梦和经历的总和。让我们姑且称之为容器。

和雨水落入桶里不同,信息并不直接进入容器。它要经过滤器的筛选,这个过滤过程在每个人身上都不一样。

并不是所有事物都能通过这个滤器。通过滤器的部分,也不总是忠于原貌。

我们每个人都有自己简化源泉的方法。我们的记忆空间是有限的。我们的感官经常会错误地感知数据。我们的大脑没有处理周围所有信息的能力。我们的感官会被光、色彩、声音和气味淹没。我们甚至会无法区分不同的对象。

为了在这个庞大的数据世界中找到方向，从容地行动，我们从小就学会只关注那些看起来至关重要或特别有意思的信息，并将其他信息屏蔽。

作为艺术家，我们致力于寻回孩童般的感知能力：一种更天真的状态，那种免受功利或生存本能"审查"的惊奇和喜爱。

我们的滤器会不可避免地降低源泉智慧的程度，因为数据在进来的时候，被我们加工解读了。当容器被这些经过处理的碎片填充时，新旧素材之间会产生关系。

这些关系的产物，就是信念和故事。其中有的关于我们自己、我们周围的人，以及我们生活世界的本质。最终，这些故事会凝聚成世界观。

作为艺术家，我们想要稍微搁置这些故事，并为那些不容易与我们的信念体系限制相配的大量信息留出空间。我们能接纳的原始数据越多，对其处理越少，我们就越接近自然。

⊙

我们可以将创造性行动看作这样一个过程：将我们容器中的全部内容作为备选素材，挑出在当下感觉有用或重要的元素，并重新呈现它们。

是源泉在通过我们显形，是源泉被做成了书籍、电影、建筑、画作、餐食或者公司——任何我们选择的形态。

如果我们选择去分享我们的创造物，它们可以再进入循环并成为他人创作的基础素材。

源泉让这一切成为可能。

滤器提炼。

容器接收。

这个过程，往往不在我们的控制范围内。

我们有必要了解，这个默认的系统是可以被绕过的。我们可以通过训练，改进我们与源泉之间的接口，从而大大扩展容器的接收能力。就像换一件乐器也许不是改变音乐质感最容易的方式，但它可能是最有力的方式。

无论你使用什么工具来创造，
真正的乐器是你自己。
通过你，
我们周围的宇宙
都变得清晰可见。

未见之地

⊙

在传统的定义中,艺术的目标是创造实体或数码的物件。做出陶器、书籍和唱片,放在架子上。

虽然艺术家通常意识不到,但作品本身是一种更大愿望的副产品。我们创作的目的不是制造或销售什么。创作行为,是一次进入神秘领域的尝试,一种超越的渴望。我们的作品允许我们将对内在景观的一瞥分享出来,这景观超出我们理解的能力。艺术是我们通向未见之地的传送门。

不借助一些灵性的成分,艺术家会面临重大的障碍。灵性世界提供了一种惊奇感和一定程度的开放心态，它们在科学理性范畴里不太容易找到。理性的世界可能是狭隘的，到处是死胡同，而灵性却能展开无限的视角，呼唤奇妙的可能性。未见之地，无边无际。

对于一些主要活跃在智力范畴内的人，或者一些将灵性这个词直接等同于宗教信仰的人而言，这个词可能没什么道理。如果你只愿意把灵性简单地看作对万物相连的信仰，没关系。如果你把它想成相信魔法，也可以。一个事物会因为我们的相信而具备一种势能，这与它能否被证实无关。

当你采用灵性的方式看待世界时，在这个世界里，你并不孤单。表面之下有更深层的含义。你可以汲取周遭的能量来提升你的工作。你属于某种因过于庞大而无法解释的事物——一个充满可能性的世界。

汲取这种能量在你的创作路上非常有用。这个原则的成立，只需要你的相信。就当它是绝对真实的，相信并行事。不需要证据。

当你创作时，你可能会注意到有些巧合出现的频率明显超出了一般概率——仿佛有另一只手在引导你向某个方向前进。就好像有一种内在的知晓，轻轻地告诉你该如何行动。信仰让你能够相信这个方向，你并不需要理解它。

尤其要留意那些令你屏住呼吸的惊叹时刻——美丽的日落，不寻常的眼睛颜色，动人的音乐，复杂机器里的巧妙设计。

如果一件作品、一个意识的碎片或一个自然界的元素，使我们能够以某种方式接触更宏大的存在，那就是它包含的灵性成分在显形。对未见之地的惊鸿一瞥，就是它给我们的奖励。

科学追上艺术的脚步,
时有发生。
艺术追上灵性的脚步,
亦不罕见。

寻找线索

⊙

可用的素材无处不在。它们蕴含于对话、大自然、偶然的相遇和既有的艺术作品中。

在创意方面遇到难题，要密切关注周围正在发生的事情。寻找提示新方法的线索，或者寻找途径进一步发展当前思路。

一位作家可能坐在咖啡店里为一场戏绞尽脑汁，考虑一个角色接下来会说什么。也许会从另一桌的喧闹中听到只言片语，拿来直接就能用上，或者至少被提示了一个可能的方向。

我们只要保持开放状态，就能不断收到这种消息。一本书读着读着，会出来一句引人注目的引语；一部电影看着看着，会浮现一句让我们停下来反思甚至倒回去反复播放的台词。有时候，这就是我们一直在寻找的那个答案。或者它可能是同一个想法在不同场景中重复自己——求你注意它，或者帮你确认你之前选定的方向是对的。

这些信息传递很微妙：它们时刻都在，但很容易被错过。如果我们不寻找，它们就与我们悄悄地擦肩而过，而我们永远不会知道。留意事物间的联系，思考它们指向什么。

当一件不寻常的事情发生时，问问自己为什么。它想说什么？能否从中读出更大的意义？

这个过程不是科学。我们无法制造线索，或强迫它们显形。有时候，很用力地到处寻找特定答案或求证一个特定思路是有用的。但另一些时候，完全放下这个意图才是有用的。

艺术家工作的一个重要部分是解码这些信号。你越开放，就会发现越多线索，也越不需要用力寻找。如此下去，你就可以减少思考，开始更多地倚重内心浮现的答案。

你不妨这么想象：外部世界就像一条传送带，不停地运载着接二连三的小包裹经过你。你要做的第一步，是注意到传送带的存在。然后，随时都可以拿起其中一个包裹，打开它，看看里面是什么。

一个有帮助的练习可能是拿一本书，随机翻到某一页，读出你视线落向的第一句。看看这句话如何在某种意义上与你在意的事有关。这种相关性当然是巧合，但你也可以选择接受另一种解释，即此处不是只有概率在发挥作用。我阑尾破裂的时候，给我做诊断的医生要求我立刻去医院开刀切除，没有别的选项。当时我在附近的一家书店里，无意间看到前面桌子上有一本安德鲁·威尔医生的新书。我拿起它，随手翻开。映入眼帘的第一句话是：如果医生要切除你的身体的一部分，并告诉你留着它没有用，不要相信他。我所需要的信息恰好在那一刻展现在我眼前。我的阑尾至今还在。

当线索出现时，有时候感觉像是一个精密的机械钟表在运转。仿佛宇宙用各种迹象轻轻地拍了拍你，告诉你它站在你这边，愿意提供你所需的一切，以帮助你完成使命。

寻找别人没看见，
但你注意到的东西。

实践

⊙

在野外，动物为了生存，必须缩小自己的视野。聚焦可以防止关键需求的干扰。

食物，居所，天敌，繁殖。

对于艺术家来说，这种反射行为是阻碍。拓宽视野，可以让人注意并收集到更多有意思的时刻，建立一个素材宝库，以备不时之需。

实践是对概念加以运用。这可以帮助我们产生所期望的心态。我们只要不断地练习打开我们的感受，就更有可能在平时生活中保持这种开放状态。我们在养成一种习惯，让自己的生命持续处在宽广的觉察状态。

加深这种实践，就是在与源泉建立更深刻的关系。通过减少滤器的干扰，我们更能够认识到周遭的节奏和运动。这允许我们以更和谐的方式与之互动。

人类注意到地球的公转、自转，并选择顺应其季节生活，某种了不起的事情就此发生。我们彼此连接了起来。

我们开始将自己视为更大整体的一部分，这个整体不断地再生着。然后，我们可以接触这种全能的、散播的力量，并乘上这道创造的浪潮。

⊙

为了帮助我们更好地实践，我们可以制订一个每日或者每周的计划，在指定时间进行具体的仪式活动。

不一定非得是什么大动作，小小的仪式也可以产生很大的影响。

比如我们可以每天早上醒来时缓慢地深呼吸 3 次。这个简单的动作可以帮助我们进入一条安静、专注、活在当下的轨道，开始新的一天。

我们也可以用心地慢慢品尝每一口饭菜。每天在大自然中散步，用感激和连接之心，观看进入我们视野的一切。入睡前，花一点儿时间来感受自己的心脏跳动，血液在血管中流淌。

这类练习的目的并不在于动作本身，正如冥想的目标不在于冥想本身。目的在于改变我们在其他时候看世界的方式。这相当于增长我们精神的肌肉，从而更敏锐地调谐。这才是练习的目的。

觉察需要刷新。即使是一个好习惯，时间长了也会变得麻木，需要破旧立新。

直到有一天，你会注意到你无时无刻不在实践觉察，做什么事都是保持开放状态的，随时准备接收信息。

作为艺术家，生活即实践。
你要么是在实践，
要么不是。

说自己不擅长实践，是个病句。
这就像是在说："我不擅长当和尚。"
你要么是和尚，要么不是。

我们倾向于把艺术家的作品看作工作的成果。

其实艺术家真正的作品
就是一种存在之道。

浸入
（伟大作品）

⊙

拓宽觉察实践这件事，我们在任何时候都可以决定开始。

尽管想要拓宽觉察实践是为好奇心或渴望所激发的，但觉察不是一次搜索。我们渴望看到美丽的事物，听到美妙的声音，引发深沉的感受。我们迷恋、惊异于这些东西，并不断地学习。

为了满足这种强大的本能，可以试试让自己浸入经典艺术作品。阅读最伟大的文学作品，观看最好的电影，仔细观赏对后世有巨大影响力的绘画作品，参观地标建筑。没有标准的清单，每个人对伟大有不同的衡量标准。经典随着时间和空间不断变化。尽管如此，接触伟大艺术作品依然构成一种邀请，带我们前进，发现更多的可能性。

如果你愿意坚持一年每天阅读经典文学作品，而不是阅读新闻，一年以后，你对伟大事物的敏锐体察的进步，会明显大于选择后者。

这适用于我们所做的每一个选择。不仅是艺术，还有我们选择交往的朋友、开展的对话，甚至是进一步反思的想法。所有方面都会影响我们辨别好与很好、很好与伟大的能力。它们帮助我们确定，我们的时间和注意力更值得花在哪儿。

因为有无尽的数据唾手可得，而我们用于存储的带宽有限，需要谨慎使用，所以我们可能要细细甄选，以保证摄入内容的质量。

这不仅适用于创作具有长远影响力的艺术这种大目标。即使你只是想做一顿便饭，只要你在烹饪过程中用心体验优质食材的新鲜，做出来也会更好吃。提升你的味觉。

目标不是学会模仿伟大，而是校准我们内心对伟大的衡量标尺。这样我们才能做出成千上万个更好的选择，最终通往我们自己的伟大作品。

自然作为老师

⊙

在所有我们可以体验的伟大作品之中,自然是最绝对和最持久的。我们目睹四季变化,在山脉、海洋、沙漠和森林中感受自然。我们在每个夜晚月亮的阴晴圆缺、斗转星移中体会自然。

户外探索从不缺乏敬畏和灵感。哪怕我们把一辈子只用在观察自然光影明暗随着时间的变化上,也能不断产生新的发现。

欣赏自然之美,不需要我们理解自然。对于所有事物都是如此。只要你在驻足惊叹于美丽的事物时保持觉察即可。

我们看见鸟群列一字长蛇阵于暮色中穿行,或者在一棵千年的巨型红杉脚下仰望。大自然中蕴含着如此多的智慧，当我们觉察到它时，它唤醒了我们内在的可能性。通过与大自然交流，我们也更加接近自己的本性。

如果你从潘通色卡里挑选颜色，颜色只有有限个。如果你走进大自然，你的调色板就是无限的。每一块石头都有颜色的变化，世上没有一罐油漆能确切地模仿任何一块石头的色调。

大自然让我们标记、分类、简化和限定的习惯显得狭隘。自然界比我们所掌握的知识复杂无数倍，它纷繁交织，神秘而美丽。

加强与自然的连接就是在浇灌我们的精神，自然对我们的精神有益，也就有益于艺术创作。

我们越接近自然界，就越容易意识到我们并非孤立的个体。当我们创作时，我们不仅在表达自己独特的个性，也在展示我们与无限的共同体的无缝连接。

我们都迷恋大海，喜欢注视海面，
这是有原因的。
有人说，大海提供了
比任何镜子都更准确的
我们的投影。

没有什么是静止的

⊙

世界总是在变化。

在同一个地点连续 5 天进行相同的觉察练习,你每次都会有独特的体验。

可能是不同的声音和味道。两阵风的感觉也不会完全相同。阳光的颜色和质感,每时每刻都不相同。

大自然的变化随处可见。有些像呼喊,有些像低语。即使是一个静止的事物,无论是博物馆里的艺术品还是厨房里的旧物件,当我们深入观察时,我们还是可以看到一种新。我们会注意到以前没注意的方面。反复阅读同一本书，我们很可能会发现新的主题、暗线、细节和联系。

你无法两次踏入同一条河流，因为它总在流动。一切都是如此。

世界不断变化，无论我们多么频繁地练习，总还是有新的东西值得注意。发现与否取决于我们自己。

同样地，我们始终在改变、成长、进化。我们学习着，也遗忘着。我们穿过不同的情绪、想法和潜意识。我们身体里的细胞会死亡和再生。没有人一整天都是同一个人。

即使外部世界保持静止，我们获得的信息也仍然不断变化着。我们的创作也一样。

今天创造事物的那个人,
与明天回来继续创造的那个人,
不是同一个。

向内看

⊙

远处有水声。

我感觉到微风,可能是暖风,但也说不好。我胳膊上的汗毛感知到的是凉爽。

有两只鸟在唱歌,我闭上眼睛,感觉它们大约在我右后方 50 步的位置。

现在有一只更小的鸟,或者只是更小声且音调更高的鸟鸣,从左侧进入了音景。这交叠的节奏,鸟儿们显然应该不是在交谈。它们只是在唱各自的歌。

我注意到一辆车经过，还有，远处传来孩童的声音。左边很远处，音乐的节奏若隐若现。

我的左脸，靠近耳朵的地方，有一点儿痒。

一辆声音更大也更低沉的车经过，另外，有一点儿爵士乐的声音在离我很近的地方出现。直到此刻，我才意识到我之前调低了它的音量，直到此刻才听到了它。

有人来了。我睁开眼睛。所有的声音都不见了。

人们通常认为生活是一连串的外部经历，而我们必须过着外部意义上很棒的生活才能有东西值得分享。我们从内在世界得到的体验往往被完全忽视。

如果我们专注于观察内在——感受、情绪、思维的模式，我们会发现大量的素材。我们的内在世界和大自然本身一样有趣、美丽和令人惊奇。毕竟，它也脱胎于大自然。

进入内心，实际是我们对外界信息的处理过程。我们不再分离。我们彼此连接。我们是一。

归根结底，无论你的内容来自内在还是外部，都一样。脑海中浮现一个美丽的想法或句子，或者你看到一场美丽的日落，这些并没有好坏之分。二者同样美丽，只是方式不同。记住这一点很有帮助：你拥有的选项，总是比你已经意识到的多。

回忆与潜意识

⊙

当第一次听到新的器乐伴奏时,一些歌手会录下自己毫无思考或准备的第一声哼唱。

他们往往会唱一些随意的词语或者根本不是语言的腔调。这些胡言乱语逐渐呈现为一个故事或一些重要的短语,是常见的事。

这个过程里,歌手没有主动试图写歌。作品是在潜意识层面创造的。所汲取的素材也隐藏于潜意识内部。

有些实践可以帮助你接入自己内在的深井。例如,你可以尝试练习释放愤怒,捶打枕头 5 分钟。实际做满 5 分钟比你以为的难。

要求自己做完规定时间。然后，立即用 5 页纸记录下脑海中涌现的所有东西。

目标是不去想它，避免内容朝着预定的方向被引导。出现什么词语就写什么。

我们的潜意识蕴藏着丰富的高质量信息，只要找到访问它的方法，就能激发新的素材为我们所用。

心灵可以自由读取比我们意识的管辖范围大得多的宇宙智慧。它的视野受到很少的限制。那是广阔的源泉。

我们不知道它是如何运作的，也不知道这究竟是什么原理，然而众多艺术家在不理解该原理的情况下，纯粹通过调用潜意识而触及了超越自我的存在。

通常，这些状态不是我们想达到就能达到的。一些艺术家在 39.5℃ 以上的高烧时创作了他们最好的作品。这种恍惚状态绕过了大脑的思维部分，进入梦的国度。

在清醒和睡眠的转换之中，藏有极大的智慧。临入睡的片刻，有什么想法和思路进入你的脑海？当你从梦中醒来时，你又有什么感觉？

在中国西藏的睡梦瑜伽传统智慧中，喇嘛说梦境和清醒一样真实——或者一样虚幻。很多别的传统也有同样的表述。

记一则梦境日记可能会有用。将一支笔和一张纸放在床边，当你醒来后，首先立即开始写下尽可能详细的细节，再去做其他事。尽量减少不必要的动作。转一下头都可能导致梦从记忆存储中脱落。

你一边写，画面会一边展开，你会记起更多的故事、场景和细节，比你最初写下来时记得的更多。坚持每天早晨这样实践，你就会越来越擅长回忆起你的梦境。在入睡之前存一个想要记住梦境的意念，也会有用。

记忆也可以被视为如梦境一般。它们更像是一段浪漫的故事，而不是生活事件的忠实记录。在这些与过去真实经历有关的梦幻记忆里，也有很好的内容可以挖掘。

另一个有用的工具是随机性——或者更准确地说，表面上的随机性，毕竟有些秩序存在于我们不能理解的层面。

例如，当我们摇卦时，我们不能确定签或硬币落地时会是什么样的。但通过它们，我们可以获得有助于决策的信息，绕过我们的意识思维，让更高的智慧发挥作用。

常在

⊙

太阳对我有很大影响。天晴的时候,我感到充满活力。天气阴沉,我也会感到忧郁。

阴天时,将意识调谐到这个事实很有帮助:太阳还在那里。它只是被厚厚的云层遮住了。无论天空是明是暗,太阳在中午都如明镜高悬。

同样,无论我们注意与否,我们寻求的信息都在那里。如果我们保持觉察,我们就能调谐并接收到更多的信息。但如果不去觉察,我们就会错过。

当我们错过它时，它确实会从我们身边溜走。明天会有另一个觉察的机会，但那不会是同一个觉察。

环境

⊙

我们受到周围环境的影响,而创造清晰的通道所需的最佳环境,人人都不相同,要测试才能知道。这也取决于你的意图。

像森林、修道院或者海上的一艘帆船这样的孤立地点,是直接接收宇宙传输的上佳选择。

但如果你想调谐到集体意识,你可以坐在一个热闹的、人来人往的地方,经由人的滤器体验源泉。这种二手的方式,一点儿也不比直接的方式低级。

再远一步,就可能是融入文化本身,不断消费艺术、娱乐、新闻和社交媒体，同时注意宇宙正在推动的模式。

对于文化潮流，这样看待比较有帮助：无须承担任何追随最新潮流的义务。相反，用感受一阵温暖的风那种既连接又抽离的方式去注意它们。让自己在其中行走，但不加入它。

一个人取得连接的地点可能会让另一个人分心。不同的环境可能适合你的艺术创作过程的不同阶段。据说安迪·沃霍尔在创作时会同时打开电视、收音机和唱机。对于埃米纳姆来说，电视机的噪声是他创作时最喜欢的背景音。马塞尔·普鲁斯特在墙上装吸声板，他还会把窗帘拉上，戴上耳塞。卡夫卡也把对宁静的需求推向了极端——"不是像隐士，"他曾说，"而是像个死人。"没有绝对正确的方式，只有属于你的方式。

追随宇宙所示的微妙的能量信息没那么容易，尤其当你的朋友、家人、同事或跟你的创作有商业利益关系的人提供的貌似理性的建议往往是在反对你的直觉时。我在能力所及的范围内，一直按照自己的直觉做出职业决定，虽然别人每次都建议我不要这样做。意识到这一点会对你有帮助：比起跟随身边的人，不如跟随宇宙的指引。

干扰的声音也可能来自内心。那些在你脑海中低语的声音，说你不够有才华，你的想法不够好，你的时间要是花在艺术上就白费了，你的作品不会有人喜欢，如果这次创作不成功你就完了。调低这些声音，让自己能够听到那宇宙的钟声吧。提醒自己现在是时候了。

是你参与的时候了。

自我怀疑

⊙

  自我怀疑存在于我们每个人的心里。我们希望它消失,但它的存在是为了服务我们。

  缺陷是人性的组成部分,而艺术的魅力就在于其中蕴含的人性。如果我们像机器一样,艺术就不会引发共鸣,也没有灵魂。有生活,就会有痛苦、不安和恐惧。

  我们都是不同的,我们都是不完美的,而恰恰是这些不完美,使我们和我们的作品变得有趣。我们创作的作品反映了我们自己的特点,如果不安全感是我们的一部分,那么我们的作品也会因此保有甚至放大这份真实。

艺术创作并不是竞赛。我们的作品代表自我。你不应该说"我不能胜任这个挑战"。是的,你可能需要精进自己的技艺,从而更加完满地实现你的愿景。但如果你不胜任,那就没有人能做这件事了。只有你能。你是世上唯一一个拥有你的声音的人。

选择从事艺术的,往往是最脆弱的人。世界上有些公认最优秀的歌手,无法忍受听到自己的声音。这不是什么罕见的事。许多不同领域的艺术家都面临类似的问题。

这种敏感性让他们创作艺术,也让他们更容易受到评判的伤害。尽管如此,许多人冒着被批评的风险,仍然继续分享他们的作品。仿佛他们别无选择。他们是天生的艺术家,通过自我表达,他们才成为完整的自己。

如果一个创作者过于害怕评判以至于无法前进,可能是他分享作品的愿望没有自我保护的愿望强烈。那也许艺术家就不是他的角色。他的性格可能适用于一个不同的追求。这条路不是人人都适合的。逆境是过程的一部分。

我们并不是因为具备才华或技能,而有响应这个召唤的义务。请记住,能创作是一种福气,是一种特权。我们自愿选择创作。我们并没有被命令去从事创作。如果我们真的不想做,那就别做。

有些成功的艺术家极度缺乏安全感,他们自我破坏,深陷成瘾问题，或者面临着其他制约创作和分享的障碍。不健康的自我认知，或生活里的种种困难，可以成为伟大艺术的燃料，为艺术家提供深刻的洞察力和情感。但它们也可能成为艺术家在长时间内持续创作的阻碍。

有的人面对非常严重的障碍，以至于无法长期持续创作。这并不是因为他们在艺术上无能，而是因为他们面对自己的困境只有一两次能够成功突围并分享伟大的作品。

许多伟大的艺术家年轻时滥用药物而死亡的原因之一是，他们靠药物减轻自己的极度痛苦。那份痛苦同时是他们能成为艺术家的原因：他们极度敏感。

如果在别人眼中平平无奇的事物里，你能看到巨大的美或巨大的痛苦，那么你就得一直面对并处理强烈的情感。这些情感可能令人困惑，仿佛要把人压垮。这个时候如果你身边的人看不到你所看到的、感受不到你所感受到的，那种孤立感和异类感就会出现。

这些强烈的情感，在作品中被表达出来时是非常有力量的，和那种让人晚上无法入睡或早晨起不了床的脑海中的乌云是相通的。是福气，也是诅咒。

虚 构

⊙

尽管自我怀疑的情绪起伏可以为艺术所用,但它也可能干扰创作过程。一个项目的开始、完成和分享——都是我们容易陷入困境的时候。

背负着这些自己讲给自己的故事,我们如何前进?

最好的策略之一就是减少心理筹码。

我们倾向于认为自己正在创造的,是我们生活中最重要的东西,它甚至会给我们盖棺论定。不妨试着修正这个看法,即只把它看作一件小作品,一个开始。你的使命只是完成这个项目,从而可以继续下一个项目。下一个项目又是再下一个项目的垫脚石。如此循环，你的整个创作生活可以保持节奏，富有成效。

一切艺术都处于过程之中。这样想也许会有帮助：将我们正在努力创作的作品看作一个试验。一个我们无法预测结果的试验。无论结果如何，我们都会获得有用的信息，以用于下一个试验。

如果你从中立的角度出发，没有对错、没有好坏，创作只是没有规则的自由游玩，你就会更容易浸入创作过程。

我们不是为了赢而玩，我们只是为了玩而玩。而且，玩是有趣的。完美主义妨碍了乐趣。你可以巧妙地把自己的目标设定为在过程中寻找舒适感。轻松地创作作品，接二连三地拿出手。

奥斯卡·王尔德曾说，有些事情过于重要，所以不能认真对待。艺术就是这种事情。你可以把目标定得低些，特别是在开始时，去自由地玩、探索和测试，不用担心结果。

这不仅仅是一条培养更好心态的途径。积极地游戏和试验，直到我们感到愉快而惊喜，这才是让作品显露的最好方式。

⊙

克服不安全感的另一种方法是给它们贴上标签。我曾经和一个自我怀疑到僵住、无法继续创作的艺术家合作。我问他是否听说过佛教"papancha"的概念，它可以翻译为"念头的繁殖"，是指人的心灵由一个体验引发喋喋不休的繁杂念头的现象。

他回答道："我完全知道那是什么。我就是那样。"

从此，阻碍他前进的那件事有了个名字，这让他能够在一定程度上控制自己的怀疑，让自己不要太认真地对待它们。当它们出现时，我们就把它们叫作"papancha"，确认它们的存在，然后继续前进。

有一次我与另一位艺术家开会，她刚发布了一张非常成功的专辑，但她害怕继续做音乐，列出了各种不想再做音乐的原因。要是想找不做事的理由，总是有很多。

我说："没关系，你永远也不用再创作音乐。这没什么不好。如果做音乐不让你感到快乐，那就不做。这是你的选择。"

我一说完这话，她的表情就变了，因为她意识到，创作还是更让她快乐。

另一个有帮助的事是感恩。意识到你能在这个位置创作艺术，做自己爱的事情并且在某些情况下得到报酬是一件幸运的事，也能让这份工作更具吸引力。

归根结底，你对创作的渴望必须超过你对它的恐惧。

即使对于一些最伟大的艺术家而言，那种恐惧也从来不会消失。一个传奇歌手，尽管表演了50多年，仍然无法消除自己怯场的心魔。尽管恐惧强烈到让他胃疼的程度，他仍然每晚迎着聚光灯走上舞台，献上精彩的表演。接受它，而不是试图消除或压抑它，由此我们可以降低自我怀疑的能量，以及它对我们的干扰。

⊙

  值得注意的是，怀疑作品和怀疑自己是不同的。怀疑作品类似这样："我不知道我这首歌是否已经做到足够好了。"怀疑自己可能听起来像是："我写不出好歌。"
  无论在准确性还是对神经系统的影响上，这两种陈述都有天壤之别。怀疑自己可能导致绝望，认为自己根本就不适合承担眼前的任务。非黑即白的思想是不可取的。
  但是，怀疑你的作品的质量，有时则可能帮助你改进它。你可以用怀疑的方式走向卓越。
  如果你的作品经历过某个版本，不完美，但你特别喜欢，那你可能会发现，等它最终做到几近完美的时候，你反倒不再那么喜欢它了。这是一个信号，即那个不完美版本应该是你的定稿。作品不是关于完美的。
  拥有拼写检查这一工具以后，我得知的一件事就是，我经常会编造单词。我输入一个单词，然后电脑告诉我它不存在。可它听起来确实像我想说的，所以有时我会决定仍然使用它。我知道它的意思，而且和使用正确拼写的词相比，读者读到我这个词，或许能更好地理解我想说的意思。

那些你想要修正的不完美之处，有时候恰恰能成就一件作品。当然，有时候也不能。我们很少知道到底是什么使一件作品伟大。没有人能知道。这种事的分析充其量只是理论。其中的道理，不在我们能理解的范畴。

比萨斜塔在建筑学上是个错误，建筑师在修复上的尝试进一步加剧了这个错误。几百年过去了，如今它成为世界上游客最多的建筑之一，正是因为这个错误。

在日本的陶艺中，有一种艺术化的修复工法，叫金继（也称金缮）。当一个瓷器碎裂时，工匠不再试图将其恢复到原始状态，而是使用金粉填补裂缝从而凸显这个缺陷。这样做可以漂亮地将人的注意力引到缺陷处，它就如同金色的血管。缺陷不仅没有拖累瓷器，反而成为它的焦点，在物理意义和美学意义上都有它的力量。而且，疤痕记载着这个物件过去的经历，可以说是在讲述它的故事。

我们可以将同样的技巧应用到自己身上，拥抱我们的不完美。所有让我们缺乏安全感的事，都可以视为引导我们创作的力量。只有当它们对我们分享内心深处的东西形成阻碍的时候，我们才需要克服它们。

艺术在艺术家和观众之间
创造了深沉的连接。
通过这种连接，
两者都得到疗愈。

分心

⊙

　　分心是艺术家最好的工具之一，只要运用得好。在某些情况下，这是我们创作的唯一通路。

　　在冥想时，一旦心灵安静下来，感官空间就很容易充斥焦躁或随机的念头。这就是为什么许多冥想学派教导学生使用真言。不假思索地不停重复一个短语，就可以挤出那些不让我们停留在此刻的杂念。

　　这么看，真言就是一种分心。虽然有些分心会使你浮躁，但另一些分心可以牵制你的意识，从而解放你无意识的力量。忧心珠、念珠和线珠有同样的功用。

  当我们的创作过程陷入僵局时，先把创作的事放下，创造一些空间，允许解决方案自行浮现，也许会有好效果。

  遇到问题，我们可以不去全力关注它，而是把它搁置在意识深处。这样，我们可以在一段时间内带着问题，做一个跟它无关的简单活动。例如开车、散步、游泳、淋浴、洗碗、跳舞，或者做任何我们可以完全不动脑的事。有时候，身体的运动也可以激发灵感。

  例如，一些音乐人在开车时比坐在录音棚里更能写出好旋律。这种类型的分心，让头脑的一部分保持忙碌，从而释放其余部分，接纳任何事物。也许这种非思考的思考过程，允许我们调用头脑的其他区域，看到比直接路径更多的通路。

  分心并不等同于拖延。拖延会持续削弱我们的创作能力。分心则是一种有助于创作的策略。

有时候，退出是最好的参与。

共同创作

⊙

没有什么是从我们自身开始的。

留心观察,我们就会开始意识到,我们所做的一切都是共同创作。

你在与以前的艺术作品共同创作,也会与以后的艺术作品共同创作。你当然也在与你生活的世界共同创作。与你的经历共同创作。与你的工具共同创作。与观众共同创作。与今天的自己共同创作。

"自我"有许多不同的面相。可能你很喜爱你今天创作的一件作品，但第二天再看它却完全不是那个感觉了。你艺术灵感的一面，可能会与匠人的一面发生冲突，前者对后者感到失望，因为后者没能在技巧上充分实现前者的想象。这种冲突对创作者来说非常常见，因为从抽象思维到物质世界，无法直接转化。创作永远都是一种阐释。

艺术家有很多面相，创造力就是这些面相彼此之间的内在对话。它们会一直讨价还价，直到它们共同创作出自己最好的作品。

作品本身也有不同的面相。你创作的一件作品对你来说有确切的含义，其他人体验它的时候也觉得自己理解并感同身受，但他们与你的理解可能完全不同。有意思的是，谁都没错。你们都是对的。

这没什么可担心的。如果艺术家对自己创作的作品感到满意，同时观众也大受触动，那么二者的体会和理解是否一致根本不重要。实际上，任何人都不可能像你自己一样体验你的作品，每个人的体验都是独特的。

你可能对一件作品的意义、内在逻辑或者它令人愉悦的原因有确切的想法——而其他人还是可能因为完全不同的原因喜欢或者不喜欢它。

创作的目的首先是唤醒你内心的某样东西，然后是允许别人内心的某样东西也被唤醒。如果这两者不是相同的东西，也没有关系。我们只能希望我们所体验到的那份力量的强度，能让他人也感受到。

有时艺术家可能并不是作品的制作者。马塞尔·杜尚会把日常物品，比如雪铲、自行车轮、小便池，视为艺术品。他称之为"现成品"。画就是画，你给它装上画框挂在墙上，它便被称为艺术品。

一个事物被视为艺术与否，只是一种协议。这都是虚妄的。

真实的是，当你创作艺术时，你从来不是孤独一人。你在不断地与现在和过去对话。你越能调谐于这场对话，就越能做好你眼前的作品。

意图

⊙

　　在加尔各答,有个老人每天都要步行去取井水。他会携带一个陶罐,然后慢慢地手动往井里放下它,一路小心翼翼,避免陶罐被井壁撞碎。

　　等装满了水,他就再小心翼翼地将罐子提上来。这是一项要求专注和耗时的任务。

　　一天,一个旅行者注意到这个老人正在进行这项艰巨的任务。凭借机械方面的经验,他给老人展示了如何使用滑轮系统。

　　旅行者解释道:"这样一来,罐子就可以快速笔直地下降,装满水再回来，而且不会碰到井壁。这样做更容易，花更少的工夫，水也一点儿都不少打。"

老人看着他，说："我想我会继续用我一直以来的方式。我必须考虑每一个动作，这需要十分小心。我想象，如果我使用滑轮，那么打水会变容易，我可能会一边打水一边想别的事情。如果我这么不用心，花这么少时间，那水喝着会是什么味道？它不可能跟之前一样好。"

我们的想法、情感、过程和潜意识的信念，在作品中藏入了一种能量。这种看不见的、无法衡量的力量让每件作品产生磁力。完整的作品只由意图和我们围绕它进行的试验构成。如果去掉意图，就只剩下装饰性的外壳。

虽然艺术家可能有许多目标和动机，但意图只有一个。这是作品的大方向。

它不是什么思维练习、给自己设定的目标或者商品化手段。它是你心里的一种真。活出这种真，它就进入了作品。如果作品不能代表你是谁、你的活法，那它如何保持住能量的电荷呢？

意图不仅是有意识的目标，而且是该目标的自我协调。它需要与它自身的方方面面对齐，从能力与投入，到创作中和生活中的一切行动，包括意识层面和潜意识层面。它是一种与自身和谐一致的生命状态。

并非所有的项目都需要花时间，但它们又确实需要一生的时间。书法作品是通过笔刷的一次连续运动完成的。所有的意图都凝聚在这一次运动里。线条反映了艺术家能量的传递，包括其全部的经历、思想和感知，都转化到手上。创造的能量存在于一路走到作品诞生的整个旅程，而不是只存在于构建作品的行为本身那么简单。

⊙

我们的工作具有更崇高的使命。无论我们知道与否，我们都是宇宙的媒介。我们允许素材穿过自己。如果我们是一个清晰的通道，那么我们的意图就是宇宙意图的反映。

大多数创作者认为自己如同乐团指挥。如果我们从狭隘的现实观中解放视野，我们实际上在一个大得多的交响乐团中扮演着一个乐手的角色，指挥着这个乐团的是宇宙。

我们可能不太了解鸿篇巨制的全貌，因为我们只听得到我们所演奏的一小部分。

蜜蜂被花的香气吸引，它们在一朵又一朵花上停留，无意中实现了花的繁殖。如果蜜蜂灭绝了，不仅花朵，鸟类、小型哺乳动物和人类也可能会消失。我们可以说，蜜蜂不知道自己在这个相互关联的谜题中的角色，也不知道它保持自然平衡的作用。蜜蜂只是存在着。

同样，人类创造力的全部产出，在这丰富的过程里，成为千丝万缕的织体，组成我们的文化。我们创作的潜在意图，使我们的作品可以精巧地适配这织体。我们也许没机会领略那宏大的意图，但如果我们臣服于这种创造冲动，我们这一块独特的谜题拼图，就会成为它应有的形状。

只有意图是真的。创作只是一个提醒。

规 则

⊙

任何指导性的原则或关于创作的规矩，都算规则。它可能存在于艺术家本人、流派或文化之中。规则本质上就是限制。

我们这里关注的规则，与数学和科学的定理、定律不同。物理定律描述了物理世界中的精确关系，通过实验证明为真。

艺术家学习的规则不一样。它们是假设的，而不是绝对的。它们描述了方向或者手段，以达成短期或长期的结果。它们存在就是为了被测试。只有在有帮助的情况下，它们才有价值。它们不是自然法则。

各种各样的假设都会伪装成绝对法则：励志书里的建议，从访谈中听来的东西，你最喜欢的艺术家讲的感悟，文化表达，或者老师告诉过你的事。

规则指引我们中规中矩地行动。而如果我们的目标是创作出非凡的作品，大多数规则都不适用。平庸不值得追求。

我们的目标不是合群。硬要说的话，应是放大差异的部分，不合群的部分，你眼中的世界里最特别的部分。

与其模仿其他人，不如珍视自己的声音。培养它。爱护它。

凡事一旦形成惯例和传统，最有趣的作品往往是不遵循它们的那些。创作艺术就是为了创新和自我表达，拿出新东西，分享其内在，把你独特的视角展现出来。

⊙

压力和期望来自不同的方向。社会道德规范决定什么是对，什么是错，什么可以接受，什么令人厌恶，什么值得庆祝，什么会被唾弃。

定义每一个世代的，通常是那些不受这种界限约束的艺术家。不是那些凝聚那个时代的信仰和传统于一身的人，而是那些超越它们的艺术家。艺术就是对峙。它拓宽了观众的现实，让他们透过不同的窗口窥见生活，那里蕴藏着打开全新视野的可能。

起初，我们总是从既成的模板出发。如果你要写一首歌，你会觉得它应该是 3~5 分钟长，中间有适当重复的段落。

然而，对于鸟来说，歌完全是另一回事。鸟不偏爱 3~5 分钟的格式，也不接受副歌要唱得洗脑。然而，它们的歌同样动听，甚至更符合鸟的本质。它是一种邀请，一种警告，一种连接方式，一种生存手段。

以尽可能少的既有规则、起点和限制来对待创作，是一种健康的实践。在我们选择的媒介里，标准是如此普遍，以至于我们理所当然地接受。它们是隐形的、毋庸置疑的。这使得我们几乎无法超出标准范式进行思考。

参观一座艺术博物馆，你会看到的大多数画作都是画布，被长方形的木质画框装裱，无论是雅克·路易·大卫的《苏格拉底之死》，还是希尔玛·阿夫·克林特的祭坛画。它们内容各不相同，但材料是一致的。这就是普遍被接受的标准。

如果你想画画，你可能也会如此开始，首先用长方形的木质画框固定画布，然后把它架在画架上。仅仅因为工具的选择，在你画下第一笔之前，你就已经严重限制了可能性。

我们不假思索地认为器材和格式是艺术形式本身的一部分。然而，只要是出于美学或者传播的目的，在任何表面上使用颜色，都算绘画。其他的决定都在艺术家手中。

类似的惯例支配着大多数艺术形式：一本书应该有一定数量的页数，并且被分成章节。一部故事片应该是 90~120 分钟，且通常有 3 幕。嵌入每种媒介的是一系列约束我们的习俗和规范，甚至我们的创作还没开始，就已经被它们限制。

艺术作品门类有特定的细分规则。恐怖电影、芭蕾舞或乡村音乐唱片，每一个都有特定的期望。一旦你用一个标签来描述你正在进行的工作，你就会受到服从其规则约束的诱惑。

在开始阶段，过去的模板可以成为一种灵感，但是超越既有事物的思考总是有用的。我们的世界不是在等待相同事物的重复。

通常，最具创新意义的想法要么来自那些对规则熟稔于心，以至于可以在规则内外自由穿梭的人，要么来自那些从未学过规则的人。

⊙

最具欺骗性的规则并非那些可见的，而是不可见的。这些规则深藏于我们的内心深处，未被注意，刚好藏在我们的察觉范围之外。这些规则通过儿童时期的养成、被淡忘的教训、文化的耳濡目染，以及对启迪我们的那些艺术家的模仿，进入我们的思维。

这些规则会帮助我们，也会限制我们。尤其要警惕来自传统观念的所有假设。

不假思索的规则，比有意设定的规则强大得多。前者更有可能不利于我们的创作。

⊙

每一项创新都有变成规则的风险。另一个风险是，创新本身变成心满意足的创作终点。

当我们发现一个做法对我们的工作有益时，我们常常把它固化成配方。有时，我们甚至会把这个配方当成我们作为艺术家的本质。我们想表达的反倒不重要了。

这尽管可能对某些创作者行之有效，但对其他人来说却是一种限制。有时配方效果会不断递减。另一种情况是，我们意识不到配方只是赋予作品力量的一小部分原因。

我们应该不断挑战自己的创作过程。如果你利用特定的风格、方法或者在特定的工作环境中取得了好的效果，不要认为这就是最好的方式。也不要认定这就是你的方式，或者这就是唯一的方式。不要陷入教条。你完全可能找到其他的策略，同样有效，并能够带来新的可能性、方向和机遇。

以上不是绝对正确的，但值得考虑。

⊙

不把任何规则封为神圣而不可破坏的，是作为艺术家健康的生活方式。这样可以解开一些导致我们的创作千篇一律的自我约束。

随着职业生涯的发展，你会越来越形成某种一以贯之的特色，而这种一致性会愈加无益。你会开始觉得，创作像一份工作或者一种责任。请留意自己是否一直在使用同样的套路。

在下一个项目里，首先抛弃那个套路。这种不确定性可能会把你置于让你兴奋又害怕的局面。一旦你形成新的框架，你过去的一些习惯方法和元素可能又会回到创作之中，这没问题。

值得记住的是，当你放弃一个旧的套路时，你过去习得的所有技能依然还在。这些熟能生巧的能力超越了规则。它们是你的，你丢不掉。想象一下，你将你积累的专业知识作为地基，支撑一套全新的素材和设计，会发生什么。

远离熟悉的规则，可能会揭露更多一直在引导你，你却一无所知的潜在规则。一旦认识到这些潜在规则，你就可以解除它们，或带着更明确的意图去利用它们。

任何规则都值得测试，无论是有意识的还是无意识的。挑战你的假设和方法。你可能会找到更好的方式。即使不是更好的方式，这个经验也大有裨益。这些试验都像是自由投篮。你没有什么可失去的。

警惕这种假设，
即仅仅因为这是你以前的做法，
你这个做法就是最好的。

反其道亦为真

⊙

对于你接受的任何规则，比如你作为艺术家应该这样做，不应该那样做……或者你的风格是这个，不是那个……或者完成这个作品需要这个，不需要那个……相反的方式值得尝试一下。

举个例子，比如你是一位雕塑家，你可能会开始于构思一个只存在于物质世界中的东西。这就是一条规则。

反其道而行之，比如考虑一下雕塑如何在没有实物的情况下存在。也许你最好的作品可以不直接进入实体，而是首先以数字或概念的形式诞生。也许它成不了你最好的作品，但这个思考过程可能会引导你走向新奇诡谲的领域。

将规则视为一种失衡。黑暗和光亮只有在彼此的关系中才有意义。没有其中一种，另一种就不存在。它们是相匹配的动态系统，就像阴和阳。

检查一下你的方法里有哪些反转的可能。如何恢复平衡？对你来说，什么构成了光之于暗，或者暗之于光？诚然，有的艺术家只专注于跷跷板一端。但即使我们不在另一端创作，理解其中的对立性也有益于我们更好地做自己的选择。

另一种策略是加倍押注，把你目前的色彩推向极端。

只有通过找平衡的试验，你才能发现自己在跷跷板上的位置。确定了自己的位置，你就可以走向反面寻求平衡，或者在你所在的一端走得更远，形成更大的张力。

每个你遵循的规则的反面，都可能同样有趣，这些可能性值得考虑。不一定更好，只是不同。同样地，对本书提出的诸多建议，你也可以反其道而行之或者加倍运用，很可能同样富有成果。

聆听

⊙

聆听,只存在于当下。在佛教的修行里,敲钟是仪式的一部分。钟声将修行者瞬间拉回到当下。这是一个小提醒,该醒来了。

眼睛和嘴巴可以闭上,唯独耳朵没有盖子,不存在关闭一说。它吸纳周围的环境,能接收,但不能传递。

在世界面前,耳朵只是存在着。

当我们听见声音时,声音自主地进入耳朵。通常情况下,我们不会觉察所有声音,或者一个声音的全部频率。

而聆听是注意这些声音,与它们同在,与它们交流。要说聆听是在运用耳朵或大脑，这可能是个误解。我们聆听用的是整个身体，整个自我。

声音的震动弥漫在我们周围的空间，声波冲击着我们的身体，形成特定的空间感，引发我们身体内部的反应——这些都是聆听的一部分。有些低音频率低到一定程度，只能用身体感知，耳朵是听不见的。

同样的音乐，用耳机和音箱听的体验也明显不同。

耳机会营造一种幻觉，使你的感官误以为听到了音乐的全部细节。许多艺术家在录音室坚决不用耳机，因为这只是真实世界听觉体验的劣化赝品。音箱出来的声音就更接近房间里演奏乐器时的声音——听者沉浸在全频段的、立体的震动中。

我们中的许多人在体验生活时，就像戴着耳机一样。我们窄化了音域。我们听见了信息，但无法察觉身体中更细微的震动感。

而当你动用全身心去聆听时，你会扩大意识的范围，寻回那些原本被忽略的海量信息，从而发掘出更多滋养你的艺术习惯的素材。

如果你听的是音乐，试试闭上眼睛。你可能会发现自己迷失在体验里。音乐结束，你可能会惊讶地发现自己还在原地。你刚刚被带到了另一个地方。那就是音乐的所在地。

⊙

沟通是双向的，即使是一个人说，另一个人只是默默地听。

当听者完全专注时，说话的人的沟通方式往往有所不同。因为大多数人并不习惯听者的专注，这会让人不适应。

有时候我们会主动阻止信息流入，破坏真正的聆听。比如我们的批判思维开始运作，开始记录对方的话里有什么是我们同意的，什么是我们不同意的，什么是我们喜欢的，什么是我们不喜欢的。我们甚至会寻找各种理由说服自己，说话的人不值得信任，或者他/她的观点是错的。

形成观点不是聆听。准备回应、为自己辩护或者攻击他人，也不是。不耐烦地听，就什么也听不见。

聆听是搁置怀疑。

我们开放地去接收，不带任何先入为主的看法。我们唯一的目标是完全清楚地理解正在传来的信息，全神贯注，并允许它是其所是。

做不到这一点，不仅对说话的人不好，对听者自己也不好。听的时候在心里自顾自地编写、捍卫自己的故事，会错过很多信息，这些信息本来有机会改变或迭代你的想法。

我们如果能超越那些本能反应，就会发现隐藏其中的那些引发共鸣或者帮助我们理解的东西。它可能会强化、改变或者彻底颠覆我们之前的想法。

不带偏见地聆听，是人成长和学习的方式。大多数事情没有绝对正确的答案，只有不同的角度。我们学会看见的角度越多，我们的理解就会越立体。我们的滤器就可以更准确地接近事物的真相，而不是靠偏见解读出的狭隘碎片信息。

无论你从事何种创作，聆听都能拓展可能性，让你看到更大的世界。我们的许多信念都是在自己没得选的情况下被灌输的。其中一些可以追溯到几代人以前，如今早已不适用。还有一些可能从未适用过。

所以，聆听不仅是觉察。它也是摆脱思想桎梏的自由之道。

耐 心

⊙

没有捷径。

彩票赢家暴富之后,并不能长久地幸福。仓促建造的房子往往在第一次风暴中就会倒掉。对一本书或一则新闻的一句话总结,也不能替代完整的故事。

我们经常在不知不觉中走捷径。在聆听时,我们倾向于跳过很多内容,直接概括说话者的中心思想。哪怕没有搞错对方的整体意思,我们也会错失很多微妙的推演。除了省去时间,这种捷径还避免了因挑战我们的现有叙事而引发的诸多不适。就这样,我们的世界观不断坍缩。

而艺术家所做的，是通过努力，慢慢地体验生活世界，然后以新的方式重新体验相同的事物。慢慢阅读，阅读再阅读。

我可能读到一个段落，想到一件事，而当我的目光继续往下扫时，生理意义上的我还在阅读，可是我的思绪可能仍然陷在之前的念头里。这样一来，我就没有在吸收信息了。当我意识到这一点时，我会回到我记得的最后一个段落，从那里重新开始。有时候得回到三四页之前。

哪怕是我熟稔于心的段落，重新阅读也能获得启发。新的意思、加深的理解、灵感和细节涌现，被我真正看见。

有很多事和驾驶很像，包括阅读、聆听、吃饭等大多数身体活动：或全神贯注，或心不在焉。我们的日常生活常常如梦游一般。想象一下，如果你拿出飞行员降落飞机般的注意力去对待每一件事，你对整个世界的体验会有多么不同。

有些人每天的生活，都只是在清单上画掉待办事项，不去全身心地投入其中。

我们对效率的不懈追求，阻碍着一切深度观看的机会。完工的压力，让人没有时间考虑其他可能性。然而，正是通过有意识的行动和不断重复，我们才能获得更深入的洞察。

⊙

在细处精进技艺，耐心不可少。

保留信息的原意，耐心不能缺。

毫无保留地创作，耐心省不得。

养成耐心的习惯，艺术家工作和生活处处都从中受益。

锻炼耐心的过程与觉察非常相似。方法就是接受事物的本来面目。不耐烦，本质上是在和现实争论不休，是一种想让事物不同于我们正在经历的状态的欲望。我们希望时间加快，明天早点儿到来；或者希望重温昨天；或者希望闭上眼睛再睁开时，自己已经身在别处。

时间是我们无法控制的。因此，耐心就始于对这种自然节奏的接受。不耐烦在心理上的好处，似乎是加速并跳过那些节拍，来节省时间。讽刺的是，这样最终会耗费更多时间和能量。徒劳。

在艺术创作里，耐心就是对这个现实的接受：我们工作里的大部分事情不在我们掌控之中。我们无法迫使杰作诞生。我们能做的，只是邀请它进来，并积极地等待。不要紧张，紧张可能会吓跑它。我们只要保持迎接姿态。

如果从一件作品的诞生过程中剔除时间，剩下的就只有耐心。不仅是作品，艺术家本身的发展也是如此。即使一件杰作是在紧迫的工期里赶制出来的，它实际上也是之前数十年在其他作品上的耐心劳动的总和。

在创造力的所有法则里，如果有一条比其他的更加牢不可破，那就是永远需要耐心。

初学者心态

⊙

大约 3 000 年前，中国发展出了围棋[1]，一种策略性的桌上游戏。有人认为，围棋源于古时候的军阀和将领在地图上放置石头，以制订作战计划。围棋不仅是所有现存的桌上游戏中最古老的，也是最复杂的之一。

到了现代，在这个游戏中获胜，成了人工智能界的圣杯。由于棋盘上的变数大过宇宙中原子的数量，人们曾经认为计算机无法具备足够击败熟练的人类玩家的算力。

为了应对这一挑战，科学家们开发了一个名为阿尔法狗的人工智能程序。这个程序自学围棋，研究了超过 100 000 场过去的比赛实录。然后，它反复和自己下棋，直到准备好挑战当代顶尖的围棋大师。

在第二场比赛的第 37 步棋，程序面临一个决断，这个决断将决定接下来的比赛形势。有两种明显的选择：选项 A 意味着采取攻势，选项 B 则是采取守势。

然而，计算机选择了第三种，一步在几千年的围棋历史中从未出现过的棋。"没有一个人类选手会选择这么走第 37 步。"一个评论员说道。大多数人认为程序出了错，或者只是走出了一步坏棋。

与机器对弈的那位围棋世界冠军大吃一惊，他起身离开了房间。等他回来时，他没有了平时的自信沉着，情绪肉眼可见地受到了很大影响。最终，阿尔法狗赢下了这一局。专家们分析认为，正是这个从未见过的走法，改变了游戏的局面，使 AI（人工智能）获得了优势。

最终，计算机在五场比赛中四胜一负，而这位围棋大师后来选择了退役。

◉

第一次听到这个故事时，我泪流满面，这突如其来的情绪让我感到困惑。细细品味之后，我意识到这个故事涉及了创造性行动中蕴含的纯粹力量。

是什么让一台机器做出几千年来从未有人类玩家尝试过的选择？

智能本身并不能很好地解释。这台机器从零开始学习围棋，没有教练，没有人的介入，没有基于过往经验的专家总结性的传授。AI只遵循固定的规则，而不是数千年来围绕这些规则累积形成的诸多定势。它没有考虑到围棋数千年的传统和惯例，没有为固有的信念所束缚。

所以，这不仅仅是人工智能发展的里程碑。这是围棋这个游戏，第一次在其全部的可能性中进行。从一张白纸出发，阿尔法狗能够创造出完全新颖的东西，并永远地改变围棋。如果它是由人类手把手教出来的，那它很可能赢不了比赛。

一位围棋专家评论道："人类用了几千年改进围棋的策略，然后计算机告诉我们人类是完全错误的……现在我甚至敢说人类连围棋真正规律的边儿都没摸到。"

要见人类之所未见，知人类之所未知，创造出前所未有的造物，可能需要一双从未见过世界的眼睛，一个从未进行过思考的头脑，和一双从未经过训练的手。

这就是初学者心态——对于艺术家来说，这是最难保持的心态之一，因为它涉及放下先前经验所教给我们的东西。

初学者心态，从纯粹的、孩童般的无知开始。尽量放下所有既有的信念，活在当下。看见事物本来的模样。调谐于当下那个引发我们活力的东西，而不是我们认为行得通的各种设想。然后相应地做出决策即可。任何先入为主的想法、约定俗成的做法，都在限制我们的可能性。

我们倾向于认为，知道得越多，就能越清楚地看到所有的可能性。并非如此。只有当经验还没教会我们各种限制时，不可能的才会变成可能。计算机之所以获胜，是因为它比围棋大师懂得更多，还是懂得更少呢？

无知蕴含着巨大的力量。当我们面对挑战时，我们会告诉自己这太难了，不值得为之付出，这不是能成事的法子，这一看就不行，或者这不适合我们。

如果我们不带任何知识见解地做事，各种阻碍这件事的知识障碍也就没有了。奇妙的是，对挑战浑然不觉，也许恰是战胜它的法宝。

⊙

天真催生创新。知识的匮乏有时候可以创造机会，开辟新天地。雷蒙斯乐队当时觉得自己在做主流泡泡糖流行音乐。对于大众而言，仅仅是他们的歌词——关于什么脑叶切除术、吸食胶水和"没头脑"——就足以证明他们和流行音乐八竿子打不着。

尽管雷蒙斯自认为是下一个湾市狂飙者乐队[2]，但这并不妨碍他们无意间发明了朋克摇滚，并掀起了一场反主流文化的革命。尽管湾市狂飙者乐队当时名声显赫，但雷蒙斯那种独一无二的摇滚乐的流行程度和影响力都远胜前者。所有关于雷蒙斯的解读里，最恰当的可能是：无知导致的创新。

⊙

经验可以凝结成智慧，但也会削弱蕴含在幼稚之中的力量。过往的经验是老师，它帮助我们检验方法的真伪，衡量技艺的高低，识别潜在的风险，在有些事情上锻炼出来的熟练度也很有用。过往的经验引诱我们进入一种固定模式，消解了我们纯真地面对事物的机会。

越是采取纯熟地道的方法，人就越难看到别的可能性。这并不是说经验是创新的敌人，但经验确实让创新的思路更难打通。

动物和小孩一样，做起决策并不困难。它们的行动靠的是与生俱来的本能，而非习得的行为规范。这种原始力量蕴含的古老智慧，无法用科学获得。

这些孩童般的超能力包括投入地活在当下，毫无顾忌地玩耍，不在乎后果，完全坦诚，以及能够不执着于心里的故事，无拘无束地从一种情绪转移到另一种情绪。小孩儿只有当下，每个时刻都是他们当时的全部。没有未来，没有过去。"我现在就想要，我饿了，我累了。"全是纯粹的真。

从古到今，伟大的艺术家都能够自然地保持这种孩童般的热情和欢愉。一如婴儿的自私，他们对自己的艺术极其爱护，有时候显得很难合作。他们关于创作的需求总是第一位的。这往往以牺牲个人生活和人际关系为代价。

世上最伟大的唱作人之一，如果他灵感来了，所有事都要往后放。朋友和家人都理解他，不管是在吃饭、聊天还是参加活动的中途，如果他感到灵感的召唤，他会马上离场去写歌，不做解释。

在艺术和生活中具备童心，是一件值得追求的事。如果你没有积累太多的动作习惯和思维定式，那比较容易做到。反之就很难。几乎不可能。

孩童没有用于理解世界的一大套前提假设。如果你也能做到这一点，那就会大有裨益。在开始创作之前，你接受的任何标签，哪怕是雕塑家、说唱歌手、作家或者创业者这样基础的身份，对你来说都有可能弊大于利。丢掉这些标签。现在，你如何看待世界？

尽量如初见般去体验每一件事。如果你从小到大没有离开过你在内陆小镇的老家,那么第一次旅行时看到大海,会是一种多么戏剧性的、令你惊叹的体验。如果你一直生活在海边,那体验肯定就差多了。

当你像第一次遇见一样看待你的周遭环境时,你会开始意识到,生活里的一切多么神奇。

作为艺术家,从看似平凡的事物中发现非凡之处,就是我们力求的活法。然后我们挑战自己,找到一种分享的方式,让别人也能一窥这非凡之美。

---

1 一说围棋由尧发明于大约 4 000 年前,先秦《世本》称:"尧造围棋,丹朱善之。"——编者注
2 湾市狂飙者乐队(Bay City Rollers),苏格兰流行摇滚乐队,成立于 1964 年。——译者注

让想法经由你外化出来的能力，
就是才华。

灵 感

⊙

它在一瞬间显现。

一次完美无瑕的诞生。

一道神圣的光芒。一个本来需要努力才能描绘的想法,在呼吸之间突然绽放。

定义一个念头是不是灵感,在于下载的质量和数量。下载速度如此之快,根本来不及在头脑里加工。灵感如火箭燃料一般推进我们的创作。灵感是我们渴望参与的宇宙性的对话。

inspiration(灵感)这个词源于拉丁语——*inspirare*,意思

是吸入或吹进。

肺要吸入空气，就必须先排空。头脑要得到灵感，就需要腾出空间，虚位以待。宇宙总在寻求平衡。你创造空白，就是在邀请能量进入。

同样的道理适用于生活的方方面面。如果人身处一段亲密关系之中，却还在寻找另一段关系，那就没有空间让新人进入，因为我们的感情空间已经是满的了，无法迎接我们想要的新关系。

为了留出空间迎接灵感，我们可以考虑尝试一些让头脑安静的做法——冥想、觉察、静默、沉思、祈祷，任何有助于减少分心和杂念的仪式都可以。

呼吸本身也有效，可以平息思绪，创造空间，调谐。虽然没有什么方法可以保证获得灵感，但腾出空间可能会吸引缪斯降临。

从精神层面来讲，灵感就是"把生命注入"。有一种古老的解释认为，灵感是神性的直接作用。对于艺术家来说，灵感就是我们从渺小的自身之外，瞬间吸取的一股创造性力量。我们无从确定这个洞察的火花源于何处。但别忘了，我们毕竟不是孤独的个体。

灵感到来，总带着充沛的能量。但它不是让我们依赖的拐棍。艺术生活不能完全建立在等待灵感之上。灵感是稀有的，来去不在我们掌控之中。我们要做的就是努力创作，同时保持对灵感的邀请和欢迎。没有灵感的时候，我们依然可以做艺术的其他部分，跟这种宇宙传输无关的部分。

顿悟隐藏在平凡里：影子投射的形状，火柴划燃的气味，无意间听到或者听错了的奇怪言语。这些主要要求我们养成定期留意的习惯。

要获得丰富多变的灵感，请考虑改变你的输入。比如看电影时关掉声音，反复听同一首歌，读短篇小说时只看每句话的第一个单词，按大小或颜色排列石头，学习做清醒梦，等等。

打破习惯。

寻找差异。

留意关联。

灵感的一个指标是敬畏。从大自然到人类的工程造物，我们对太多事情习以为常，麻木不仁。这样如何欣赏这些伟大的奇迹呢？

如果可以从日常的厌倦中挣脱，我们会发现世界上大部分事物都有引发惊奇的潜力。尽量多从这样的角度看世界。浸入其中。

生活中的美，随处可见，它用各种方式丰富着我们的生活。它的存在就是它本身的目标。这种围绕我们的美，也成了我们创作的模范。我们可以锻炼自己对和谐与平衡的观察，仿佛我们的作品早已存在于世间，像高山，像羽毛。

⊙

尽你所能，驾驭这股浪潮。如果你幸运地体会到灵感来临，那就紧紧抓住这个机会。尽量长时间地保持在这罕见的能量中。只要它还在流动，你就顺流前行。

如果你是作家，在临睡前突然有源源不断的创意来袭，你大可以通宵写作到天亮。如果你是音乐家，哪怕你已经完成了目标，比如创作1首或10首歌，可音乐仍在继续涌现，那就尽可能多地吸收、捕捉。

也许这些成果当前用不上，但可能在其他时候有用。用不上也没关系。艺术家的任务只是识别这种传输，心怀感激地与之相伴，直到它完整地实现。

在优先级方面，灵感当先。你其次。观众排在最后。

这样的时刻独一无二，值得我们虔诚对待。片刻的启示之光到来时，什么日程安排都应该放下。此时就全心全意地奉献自己，即使它出现得好像不合时宜。这正是严肃艺术家的义务。

约翰·列侬提过这样的建议：如果你开始写一首歌，那就一口气把它写完。最初的灵感蕴含一种生命力，可以牵引着你完成整个作品。有些细节没达到最好的水平不要紧。完成草稿即可。通常而言，一个完整而不完美的版本，比看似完美的小片段更为有益。

当一个想法逐渐清晰,或者我们已经动笔写下一个引子时,我们可能会觉得自己已经抓到了诀窍,剩余部分会水到渠成。但如果这时候就停下,任凭最初的火花逐渐消退,要重新点燃可能就难了。灵感也免不了受到熵定律的约束。

习惯

⊙

在我们训练的第一天,我会向球员们展示的第一件事,就是如何多花一点儿时间来正确穿鞋穿袜。

你的运动装备里最重要的就是鞋子和袜子。在硬地上比赛,鞋子得合脚。袜子在小脚趾的部位 —— 容易起水泡 —— 不能有褶皱,脚后跟周围也是。

我给我的球员示范具体的穿法。提起袜子的过程中,在小脚趾和脚后跟的地方整理一下,确保没有褶皱。然后穿鞋,同时确保袜子不移位。必须完全解开鞋带再穿 —— 不能只是拽着鞋带把脚塞进去。

你得一个鞋眼一个鞋眼地拽紧。然后系上鞋带。再多系一道，确保鞋带不会松开——因为我不想看到鞋子在训练或比赛中松开。我不希望发生这种情况。

这只是教练非常重视的细节之一，正是这些细节累积起来，才能成就大事。

以上是约翰·伍登[1]的观点，他是美国大学篮球历史上最成功的教练。他所带领的球队的连胜纪录和冠军数量超过了其他任何球队。

可以想象当时那些精英运动员的沮丧。他们希望站在球场上展示自己的实力，但第一次参加训练时，却听到这位传奇教练说："今天我们来学系鞋带。"

伍登想要表达的是，养成好习惯是决定胜负的关键因素，哪怕只是最小的细节。每一个习惯可能看起来都很小，但累积起来，对成绩产生的影响就是指数级的。在任何领域的最前沿，一个习惯都足以让一个人在竞争中占据优势。

伍登考虑到了比赛中可能出现问题的方方面面，有针对性地训练他的球员。反复如此，直到形成习惯。

竞技体育的至高目标是完美无瑕的表现。伍登经常说，你唯一的对手就是你自己，其余都不是你能控制的。

这种思维方式同样适用于创作。对艺术家而言，和对于运动员一样，细节非常重要，无论他是否认识到这一点。

好习惯成就好艺术。凡事都是相通的。仔细对待你做的每一个选择，你采取的每一个行动，你说的每一句话。我们的目标是为了艺术服务，过好自己的生活。

⊙

你可以考虑为你的创作建立一套框架，并一以贯之。通常情况下，你的生活习惯越稳定，你就越能在这个结构里找到表达的自由。

纪律和自由看似对立。实际上，它们是互补的。纪律不是缺乏自由，而是与时间形成和谐的关系。管理好自己的日程安排，形成良好的每日习惯，等于把自由集中在了创作实践上，这是创作出伟大艺术的必要组成部分。

甚至可以说，效率在生活中比在创作中更为重要。对待日常生活，拿出军队执行命令一般的严谨精确，在艺术方面，才能更好地进入孩童般的自由状态。

培养有助于提高创造力的习惯，从每天起床开始。这些习惯包括在屏幕亮起之前先看看阳光、进行冥想（在户外，如果可以的话）、运动、洗个冷水澡，再在合适的空间里开展创作。

不同的人有不同的习惯，哪怕对同一个艺术家来说，可能每天也不尽相同。你可以在森林里静坐，观察自己的思绪，然后做笔记。或者开车转悠一个小时，在车里听听古典音乐，看看是否有灵感的火花迸发。

设定固定的工作时间，或者不受打扰的玩耍时间，让你的想象力自由舒展。对于有些人来说，可能是 3 个小时，而对于另一些人来说，可能 30 分钟更合适。有些人喜欢从黄昏工作到天亮，而另一些人会以 20 分钟为单元进行创作，中间休息 5 分钟。

找到最适合你的可持续性的模式。如果你安排得太满，你可能会找各种借口逃避工作。为了你的艺术创作，最好制订一个容易实现的计划，再慢慢迭代。

如果你决定每天工作半个小时，那你同样可能做出好的成果，这会鼓励你再接再厉。然后你一看时间，发现自己已经做了两个小时。养成习惯以后，你总是可以选择延长你的创作时间。

随意尝试吧。目标是建立一个自身有生命力的稳定结构，或者每天起床时决定自己今天什么时候创作、怎么创作，而不是只有在兴致来临时才创作。

把决策力用在工作，而不是什么时候工作上。你越减少日常生活琐事对自己的占据，你可以用于创作的带宽就越大。阿尔伯特·爱因斯坦每天都穿同样的衣服：一套灰色西装。埃里克·萨蒂有 7 套相同的衣服，一周每天一套。少做生活琐事的选择，多释放你的创造力和想象力。

⊙

我们都渴望建立健康的、提高生产力的新习惯，比如健身、吃更多本地的天然食物，或者坚持磨炼自己的技艺。

但我们有没有检查一下已有的习惯，从中去除一部分呢？我们是不是经常不假思索地接受"大家都这样"或者"我们这里的人都这样"？

我们有很多习惯都是不经思考的。我们有习惯动作，说话、思考和感知方面也是。习惯仿佛成了我们自己的一部分。有些习惯从我们小时候起，每天都在练习。它们刻在头脑之中，很难改变。这些自发运行着的底层习惯控制着我们，就像我们的身体在自动平衡体温一样，根本不在我们反思和决策的范畴之内。

最近，我学会了另一种泳姿。我感觉这样游很笨拙，而且反直觉。毕竟我从小就会游泳了，之前的姿势根深蒂固，游起来不假思索。它已经足够支撑我从游泳池的一边游到另一边了，尽管世上还有各种更轻松、更快、更有耐力的泳姿。

我们在追求艺术的过程里，如何从 A 点到 B 点，也往往依赖惯性。其中一些习惯无益于当前的作品，甚至在妨碍它的发展。此时，我们如果保持开放，仔细观察，就可以识别这些没用的习惯，从而减少它们的影响，探索新的做法。这些习惯就像临时的合作伙伴一样，在我们的创作里进进出出，若对创作有利，就保留它们，否则，就让它们离开。

1　约翰·伍登（John Wooden，1910—2010），美国篮球教练。——译者注

不利于工作的想法和习惯：

- 认为自己不够好。
- 感觉自己精力不够。
- 将习得的规则误认为绝对真理。
- 不想做这项工作（懒惰）。
- 不把作品做到极致（将就）。
- 目标过于远大，以至于无法开始。
- 认为自己只有在特定条件下才能发挥到最好。
- 没有特定的工具或者设备，就没办法做这项工作。
- 遇到困难就想放弃。
- 觉得需要别人的许可才能开始或者继续。
- 觉得自己需要钱、设备或者更多的支持，这些没解决，很难办。
- 有太多想法，不知从何下手。
- 总也不收尾。
- 责怪环境或其他人干扰了自己。
- 把不好的行为和嗜好浪漫化。
- 坚信自己要想发挥好，就必须进入某种特定情绪或状态。
- 优先考虑其他事项和责任，把艺术创作往后放。
- 分心和拖延。
- 不耐烦。
- 把所有不在自己掌握之中的事情，当作实际的阻碍。

创造一个环境,
在这里,你可以自由表达
那些你不敢表达的东西。

种子

⊙

在创作过程的初始阶段，我们要完全开放，收集我们感兴趣的一切。

我们可以称之为种子阶段。我们正在寻找潜在的起点，用爱和关怀浇灌它，使它成长为美好的事物。在这个阶段，我们不用比较和挑选最好的种子。我们只是采集而已。

一首歌的种子可能是一个词组、一段旋律、一条贝斯线或一种节奏感。

对于一部文字作品，可能是一句话、一个角色小传、一个背景设定、一个主题或一个情节。

对于一座建筑物而言，可能是一个形状、一种材料、一个功能或一个地点的自然属性。

对于一家企业来说，可能是一个常见的痛点、一种社会需求、一项技术进步或者一种个人旨趣。

采集种子通常不需要太多努力。它更像是接收信号。注意即可。

就像捕鱼一样，我们走到水边，挂鱼饵，抛竿，然后耐心等待。我们无法控制鱼，只能控制自己的鱼线。

艺术家向宇宙抛出一条线。我们无法选择何时有结果，有灵感。我们只能在那里接收。和冥想一样，我们的参与，就是在允许结果发生。

采集种子最好以积极的觉察和无限的好奇来处理。强迫没用，但是愿望可能有用。

⊙

种子刚刚到来时，对它们的价值或命运下结论，可能会妨碍它们的潜在发展。在这个阶段，艺术家的工作就是采集、种植种子，用注意力悉心浇灌，看它们能否生根。

对种子会长成什么的具体展望，可能对后续阶段有些指导作用。在这个最初的阶段，它反而会切断更有趣的可能性。

一个看起来孱弱的想法，可能会发展成精美的作品。但也有时候，最让人兴奋的种子却结不出果实。在进入后续阶段，想法得到进一步发展之前，我们无法准确评估这些种子。那些更合适的种子，会随着时间的推移自然显现。

过分强调或者过早地轻视一粒种子，会干扰它的自然生长。经不住诱惑，把自己的想法过度施加在第一阶段，会影响整个项目的开展。走捷径，或者过早地画掉清单上的事项，都值得警惕。

不给种子浇水，它就无法展现其开花结果的潜力。多采集一些种子，过一段时间再回头看看哪些种子有萌发的迹象。有时候，我们离它们太近，无法认识到它们的真正潜力；另一些时候，激发一粒种子诞生的神奇时刻比种子本身更重要。

通常，积累想法的阶段最好持续几周或几个月，然后有所侧重地选择。不要放任自己急于把想法推至终点的冲动。

积累的种子越多，判断起来就越容易。如果你收集了100粒种子，你可能会发现第54粒能让你产生一种独特的感觉，别的种子都做不到。但如果你只有这一粒，没有其他种子做对比，就更难判断。

当我们直接假设某些种子行不通，或者它们不契合我们自我认定的艺术身份时，我们是在妨碍自己作为创作者的成长。有时候，种子的到来，就是为了推动我们走向全新的方向。在生根发芽的过程里，它可能会蜕变成几乎完全不同于其最初形态的东西，并成为我们最好的作品。

此时，将创作视为比我们更大的东西是有帮助的。培养自己对各种可能性的敬畏和惊奇，并认识到这种生产力不仅仅来自我们的双手。

作品会在过程中逐渐显露自己。

试 验

⊙

我们已经采集了些种子——它们是起点和潜能。现在进入第二阶段——试验阶段。

在最开始发现种子的兴奋感的刺激下，我们尝试不同的组合和可能性，看看它们能否揭示种子自身想要发育的方向。把这个过程想象为寻找生命。让我们看看，这些种子能否生根发芽。

没有固定的试验方法。一般来说，我们要开始与种子互动，从这个起点出发，往不同的方向发展。我们像园丁一样培育每一粒种子，创造最优条件促进它们的生长。

这是项目中最有意思的部分之一，因为这时候没有什么风险。你可以尝试各种形式，看看它们会化为怎样的形态。没有规则。对于每位艺术家和每粒种子，培育的方法都不尽相同。

如果种子是一部小说中的一个角色，我们可能会扩大他生活的世界，发展他的背景故事，或者自己成为这个角色，从他的视角开始写作。

如果种子是一部电影的故事，我们可能要探索各种不同的背景设定。可以是不同的国家、社区、时代、社会状态。例如莎士比亚戏剧改编成的电影围绕各种人物和背景展开，从纽约街头帮派到日本武士，从圣莫尼卡到外太空。

探索的方向数不胜数，我们不可能不做测试，就能预知哪个方向是死胡同，哪个方向会引领我们进入新的领域。以录歌为例，歌手可能一听器乐音轨就很有感觉，这样一来，旋律就会马上显现。另一种可能是，尽管歌手觉得伴奏很好听，但他听一千遍也没有任何想法。

在这个阶段，我们不关心哪个迭代运行得更快、效果更好，而是哪粒种子最有潜力。我们专注于培育，然后修剪枝杈，而不是淘汰。过早地进行人为编辑，可能会关闭一些通向之前未见过的美景的道路。

⊙

在试验阶段，结论是偶然得出的。它带来意外或者挑战的情况，多于符合我们预期的情况。

古代中国的炼丹师为了寻求长生不老，把硝石、硫黄和木炭混合在一起，却发现了另一种东西：火药。其他无数发明——比如青霉素、塑料、心脏起搏器、便利贴，都是偶然发现的。试想还有多少能够改变世界的创新没能问世，只因为某个人过于专注于目标，错过了近在眼前的启示。

试验的过程是个黑盒。我们无法预测一粒种子会长成什么样，或者它是否会生根。对新鲜和未知之事保持开放。从问号开始，踏上发现之旅。

充分利用种子自身的能量，并尽可能不去干扰它。你可能很想插手干预，把它引向特定目标或先入为主的观念。但在这个阶段，这样做不是最优解。

让种子沿着自己的路径，朝着阳光的方向自由生长。做取舍的时机尚未到来。现在，把空间留给魔法。

⊙

不是每粒种子都必须生长。但也许每粒种子都有合适的时机。如果种子没有反应，可以考虑把它暂存，不用急着丢掉。

在自然界，一些种子处于休眠状态，等待最有利于生长的季节。艺术也是如此。有些想法时机未到。也可能它的时机已经成熟，但你还没有做好迎接的准备。还有一种情况是，发展这一粒种子的时候，无意间唤醒了休眠中的另一粒。

有些种子已经蓄势待发。你可能在试验中就发现自己已经完成了工作，并且对结果感到满意。或者你推进项目到一半，又开始对它究竟想往哪里去没有把握。

有时候我们的热情消失殆尽，却还在继续为一粒种子使劲，因为我们已经为它投入了那么多时间，它必须特别好才行。能量持续下降，并不一定意味着是种子不好。可能只是我们没有找到适合它的试验方法。也许我们需要暂时放下，换换角度。我们可以选择重新开始，或者将它放在一边，再去筛选其他的种子。

结果不由我们决定。适当培育每一粒种子，不论你现在认为它的潜力如何。培育，然后期待美好的反馈。

如果你只有一粒种子——一个你想要实现的、非常具体的愿景，那也行。没有唯一正确的方法。然而，你得考虑这种可能性——它会变成桎梏，因为你已经没有在调动你内在的全部力量了。对可能性保持开放，则有机会把你引向你甚至不知道自己想去的地方。

你知道你想做什么，并且去做了，这是工匠的工作。你从一个问题出发，用它引导一次探索之旅，这是艺术家的工作。旅途中的惊喜会拓展你的作品，甚至艺术本身。

⊙

判断一棵植物是否在茁壮成长，我们可以观察每根茎、每片叶和每朵花。那么我们如何知道一个想法是否在茁壮成长呢？

最准确的标志是感觉，而不是理智。兴奋感往往是选择值得关注的种子的最好标尺。有趣的事情呼之欲出时，总是会引发愉悦。那是一种激励人心的、渴望更多的感觉，一种向前倾斜的感觉。追随这种能量吧。

在试验阶段，我们会感受到身体中产生自然的陶醉反应。现在不是分析的时候。在这个阶段，我们只要追随内心即可。在之后的某个时间点，我们也许能够回顾并且明白这种陶醉感从何而来。其他时候我们可能无法理解，没关系。现在，这不重要。

⊙

　　如果两个想法不分伯仲，并且其中一个潜力较大，另一个看起来潜力不大但好像更有趣，那你尽可以追随趣味。依循内心的感动做决定，并且仔细体会引起你兴趣的是什么。这样一定最有利于你的创作。

在你的前进道路上，

失败

是你抵达目的地所需要的信息。

尝试一切

⊙

蓝色和黄色混合会变成绿色。二加二等于四。

在日常生活中，基本元素的排列组合结果，是高度可预测的。

但在创作艺术时，把局部合并为整体，往往与预期不符。理论与实践并不总是一致的。昨天有效的配方可能明天就失效了。验证过的解决方案，有时候反而最没用。

想象和现实之间有一条鸿沟。一个想法在脑海中可能显得很棒，一旦付诸实践，却可能完全行不通。另一个想法最初想来平平无奇，实施后一看，完美适配。

仅仅因为一个想法在你的脑海中行不通而将其否定，不是做艺术的好方法。要想真正了解它的好坏，唯一的办法是测试它。要想寻找最好的创意，就应该尝试一切。

多问自己"要是如何如何，会怎样"。如果这是别人有生之年看到的第一幅画，会怎样？如果我去掉所有的副词，会怎样？如果我让所有的大声段落都安静下来，会怎样？变换极性，看看作品会受到什么影响。

可以制定"世上没有坏主意"的临时规则。测试所有想法，即使有的很平庸，或者一看就不太行。

这种方法在协作中格外有用。通常人与人合作时，各自不同的想法，会形成竞争。我们会基于经验，觉得自己已经想象出对方脑海里的设想是什么样子的。

然而，这是不可能的。我们无法确切知道别人脑子里在想什么。我们连自己的想法会如何转变都无法预测——显然无法！——又何谈对别人的想法直接下结论呢？

与其通过逐个讨论方案，来找出最佳方案，不如直接从语言的世界里走出来。要对选项做权衡，就有必要将其带入真实的物理世界。表演出来、编排出来，或者制作一个参考模型。仅靠描述是不够的。

我们要创造一个环境，让决策过程不受误导和劝说。劝说会导致平庸。要评估不同的想法，就要亲眼看、亲耳听、亲口尝、亲手触摸。

最好由提出想法的人来演示或监督执行，做到他/她认可为止。这样可以将误解最小化。

想法一旦被充分表达出来，可能会比你预想的好得多。甚至可能是绝配，也可能恰如你预期。无论结果如何，这个过程都有额外的收获。请允许自己犯错，然后体验意外结果带来的快乐。

在解决难题的过程中，不存在错误。每一个不成功的方案都会让你离成功的方案更近一些。不要在具体细节上较劲。打开视野。如果新的想法让这个项目朝着更有活力的方向发展，那就追随这个新方向好了。强行控制艺术作品，就像要求橡树按照你的意愿生长一样愚蠢。

放手让作品朝它自己寻求的方向发展，服从自然状态去演化，拥有自己的生命。享受这个排列组合带来的循环往复的旅程，让作品的真正形态显现出来。

走错路

可能会让你看到

本来不会看到的风景。

制作

⊙

一旦破解了种子蕴含的密码，破译它真正的形态，过程就会改变。我们要结束探索模式，把握那个明确的方向感。

我们常常发现自己不知不觉已经进入制作阶段。现在，是建造的时候了。

在先前试验中显现的基础形态上，我们要开始添砖加瓦。基本线条已经勾勒完毕。现在填充颜色。

先前的阶段无拘无束，而现在涌现的灵感和想法，会与手头的问题更加直接相关。之前我们在寻找任意形状，现在我们要寻找适合特定孔洞的形状。

在某种意义上，制作阶段是艺术家的工作里最朴实无华的部分之一。其中当然也涉及创造力，但此时更多是在搬砖砌墙，而非自由徜徉。

旅途走到这里，有些人会苦苦挣扎。现在，我们需要将目光从空旷的地面挪开，望向上方蜿蜒而高耸的楼梯。漫长而危险的攀登等待着我们。

我们可能很想回头，去追逐曾经盘旋在空中的明灭色彩。但前两个阶段本身并不是目的，也不构成意义。只有完成作品，艺术才能存在，艺术家才能发展进化。

⊙

如何从众多试验中选择一个，进入制作？

我们还是要追随兴奋感的暗示。每个人都必须找到自己的路。如果同时有几个方向都很有吸引力，那不妨同时推进制作。同步进行多项制作，常常会带来一种健康的抽离感。

只专注于一个项目，我们的视野容易变得狭隘。虽然一个项目可能看起来正在朝着正确的方向发展，但我们与项目的关系过于紧密，无法准确地判断。

后退一步，再带着全新的视角回来，下一步怎么走就会清晰起来。在项目之间切换，可以调动不同的肌肉记忆和思维模式。它们可能会照亮原本隐藏的道路。只是这可能需要几天、几周、几个月或几年的时间。

即使是在一个工作时段里，切换多个项目也有益处。

当然，也有一种情况，就是单一的种子如此强力，你可以只专注于它。这是你要做的选择。

在试验阶段，我们播种、灌溉，让植物在阳光下生长。一切都顺其自然。现在，在这第三阶段，我们终于要把自己带入项目，看看我们能提供什么。

这也是试验和制作阶段不是线性推进的一个原因。我们经常在这两个阶段颠来倒去，因为有时我们主动添加的东西不如自然形成的好。当意识到这一点时，就停下来回到我们开始干预的地方，再开始。

在试验阶段，我们只是在关注种子能提供什么东西，现在我们要应用自己的滤器。回顾我们在世间的全部经历，寻找联系：这让我们想起了什么，我们拿它跟什么比较，它与我们生活中注意到的什么有关？

在这个阶段，我们从一个自然生发的项目开始。我们充分认识到其中的潜力。然后，我们看看可以添加、去除或组合些什么，进一步发展它。

制作阶段不仅是建造，也是拆除。我们可以通过一系列小刀小斧的修剪，实现进一步的发展。为了将更多的能量聚焦在作品的核心元素上，我们可以决定去除一些细节和方向。

⊙

虽然制作阶段可能会比较艰难，但并非总是如此。有些艺术家更注重创意的宏观形式，而非具体执行。有些项目把制作阶段外包出去，其实不无道理。

安迪·沃霍尔的很多画作是由其他艺术家或者机器完成的，他只提供创意并保留所有权。在20世纪60年代的加州，有些知名摇滚乐队并不参与专辑的实际录制。有些高产的作家，只是写好了人物和故事情节，然后将实际行文交给别的写手完成。

对于劳动密集的环节，自己是否要亲力亲为，并不存在对与错之分。这取决于项目。保持开放心态，无论是更深入地参与到细节中，还是放手交给别人，只要能让艺术达到最好状态就行。

对某些项目而言，艺术家可能觉得有必要事必躬亲。身体力行的制作过程，既可以加深对艺术的理解，又可以更直接地控制细节。而对另一些项目而言，艺术家在这个阶段只充当一名指挥或设计师，指挥他人的工作，可能会更好。

制作阶段的枯燥可能会令人生畏。可以把它看作另一个玩耍的机会。对于一些艺术家来说，制作是整个过程中自己最喜欢的部分。按照一套流程，创造出实在而美丽的事物，快乐和成就感不言而喻。他们在这个阶段投入的热爱与呵护，会清楚地体现在成品之中。

势头

⊙

如果像对待之前的阶段一样,不设边界或时间约束,制作阶段就可能会耗时过长。

一旦收集到足够的数据,愿景清晰,那么设定一个截止日期是件好事。选择不再是无限的,过程不再是开放的。可能目前还是一眼看不到头,但核心元素都已确定。

想象一下,你有一部已经转换成故事板的剧本。从故事板到电影成片,是一个相对机械化的过程。其中当然涉及艺术和灵感,涉及无数选择,但前方的道路已经清晰。我们的具体任务也随之收窄。

只要我们对蓝图感到满意，我们就可以用多种不同的方式对它进行建设。只要我们始终参考蓝图，确保开发中的项目可以达到原计划的要求，那就可以有几个不同的好版本。力量蕴藏在底层结构中。

如果是一个建筑项目，我们正在选择具体的建筑材料和窗户的型号。可能这些选择跟个人偏好不同，但你的整体设计并不会伤筋动骨。这类细节的确很重要，但不太可能导致整个项目失败。

在制作阶段，截止日期应该设定为建议的完成日期，而不是板上钉钉、不可违抗的。在执行过程中，仍然可能有一定程度的惊喜、探索和尝试，甚至随时有可能回到试验阶段。

在制作过程中，艺术家可能会屈服于外部压力，为其项目设定一个固定的发布日期。做好准备工作，发出通知，然后，在我们孜孜不倦地完善最终细节时，有可能又会出现一个全新且更好的方向。但是艺术家已经没有时间去追求它了，最终造成一个妥协的结果。

艺术家的目标不止于生产制造，而是做出他们力所能及的最好作品。企业考虑的是季度回报和生产计划。艺术家考虑的是永恒的卓越。在制作过程中，如果不涉及责任分配，只是为了增加自己的动力，可以给自己定个截止日期，不一定要与他人共享。

一旦制作阶段接近尾声，我们就可以考虑把截止日期真正固定下来了。

⊙

制作是件矛盾的事。为了创作最好的作品，我们既要避免延误，加快速度，又不能失去耐心，操之过急。

在这个阶段停留太久，有很多隐患。断连是其中之一。如果一个艺术家正在创作一件美丽的作品，并且无休无止地雕琢，严重超出了作品所需要的程度，有时他就会突然想要推倒重来。这可能是因为艺术家本人已经变了，或者是时代变了。

艺术，是艺术家在创作期间对内在和外部世界的共同反映。创作阶段延长得太久，会使艺术家把握不好自身的存在状态。结果就是随着时间的推移，艺术家与作品的连接逐渐断开，热情也渐渐消失。

另有一个挑战，我们可能称之为"演示症"。"演示症"出现在艺术家长时间雕琢他们的第一稿之后。

长时间与未完成的项目共处的危险在于，艺术家越频繁地接触作品的某一版草稿，这件作品在他们的脑海中就越定型。一个音乐人可能会在第一时间迅速录制了一首歌的演示版本，或者叫小样。

他可能会听几千次，并想象如何将其发展到极致。然而，真正到了制作最佳版本的时候，小样可能已经在他的头脑中根深蒂固，他甚至觉得，对小样做任何改动都是对作品的亵渎。当我们对作品未成熟的版本过度依恋时，这个项目的潜力就会大打折扣。

避免"演示症"，有一个简单的技巧。我们只有确实在积极努力地改进这个演示版本时，才允许自己听它、读它、演奏它、观看它，或向朋友展示它。在制作过程中尽量迭代它、推进它，然后果断离开。反复接触未完成的作品是一种消耗。我们不把正在创作的版本视为任何意义上的标准，这样我们就为成长、变化和发展留出了空间。

请记住，我们有时候也有可能很快制作出伟大的作品。一个艺术家可能花5分钟为一个项目勾勒出轮廓，然后就不再想这件事。他可能会感觉到一粒种子有成为伟大作品的潜力，然后花费几个小时或几年的时间发展它。但是有可能诞生于短短5分钟之内的第一版草稿或小样，实际上就是最好的版本，是种子最纯粹的自我表达。我们可能在长时间地试图装饰它以后，或在离开一阵子以后，才意识到这一点。

另一些人遇到的问题，是他们的愿景超出了自身的能力。他们可以听到鼓点，但节奏太复杂，怎么也打不好。他们可以想象舞蹈的模样,但自己的身体无法优雅地执行。下一步仿佛是在要求一个不可能完成的飞跃。

这种时候,人很容易感到气馁。我们把我们心里对作品的幻想,误认为实际作品可能会成为的样子。诚然,有时我们几乎可以直接将构思转化为现实。但也有时候,构思只是一个不切实际的理想化版本罢了。还有时候,也许我们的愿景只是指引方向的北极星,在前进途中,我们会发现自己将走到一个意想不到的新地方。

我们朝着宏大的愿景前进,最终也没有到达,但这过程有可能正好让作品变成它自身最合适的样子。不要让你宏伟的想象力妨碍你实际做出的版本。我们有可能会意识到,这个实际版本其实比那个无法实现的崇高愿景更好。

⊙

如果你的制作阶段进行得顺利,那就努力完成第一稿。保持这个势头。如果遇到了一道坎儿,不要一直驻足不前,先绕过它,继续后面的工作。哪怕你习惯一步一个脚印的创作顺序,你也依然可以越过卡住的部分,先完成其他的,然后回来。

有时候,局部难题的解决方法,恰好会在总体轮廓清晰之后浮现。就像造一座桥,当我们充分了解了桥两侧的情况后,造起桥来就更容易了。

这样做的另一个好处是，如果你在中间某个部分卡住了，一想到此时你的工作只完成了一半，你会备感压力；如果你完成了草稿的其他部分，再回到这里，项目只剩下 5% 或 10% 没有着落，这个部分要完成起来也会感觉更容易。我们只要能看到终点，就更容易具备完成工作的动力。

当你手握拼图正中间的一块，盯着一张空白桌子时，你会很难确定它该放在哪里。如果整张拼图除了那一块以外都完整了，那么它该放在哪里就很明显了。艺术通常也是如此。你已经掌握的部分越多，你就越容易将最终细节优雅地放在它们该在的地方。

艺术是施展技巧，
关心细节，
全情投入地
做出最好的作品。
它超越了自尊、虚荣、自我美化，
以及对外界认可的渴望。

视 角

⊙

　　实现完美并不是艺术的目标。艺术的目标，是分享我们是谁，以及我们如何看待世界。

　　艺术家让我们看到我们自己无法看到，但又仿佛已经知道的东西。它可能是一个与我们所持的截然不同的世界观。它也可能是如此相近的世界观，让人觉得不可思议，好像艺术家正在透过我们的眼睛看世界。无论是哪种情况，艺术家的这种感知，都在提醒着我们，我们是谁，以及我们可以成为谁。

　　艺术之所以引人共鸣，是因为人类如此相似。我们被作品所蕴含的共同体验吸引，包括其中的不完美。我们从中认出了自己的某个部分，感到被理解，与彼此产生连接。

卡尔·罗杰斯[1]说："个体的就是普遍的。"艺术之所以重要，就在于它的个体性，在于我们的视角，而不是我们的绘画技巧、音乐造诣或讲故事的本领。

想一想，艺术与其他大部分行业区别在哪里。在艺术里，我们的滤器是作品的决定性因素。在科学或技术领域，目标则不同。我们创造艺术并不是为了制作对别人有用的东西。我们创造艺术是为了表达我们是谁，以及我们的旅途走到了何处。

我们的视角可以不自洽，一般来说也不会很简单。我们可能在各种议题上持有不同的、有时相互矛盾的视角。试图调和这些视角并将其归结为一个优雅的表达，既不现实，又充满局限性。

无论我们的视角是什么，只要我们不矫饰，不篡改，原样分享它，我们就实现了艺术的根本目的。

在创作艺术时，我们创造了一面镜子，让别人在反射中看到隐藏的自己。

⊙

视角与论点是不同的。

论点只是一个想法，是被有意地表达出来的。视角是通过作品浮现的观察角度——无论是有意识的还是无意识的。

一件艺术作品吸引我们注意，很少是因为它提出了什么论点。吸引我们的是艺术家的滤器折射他们思想的方式，而不是他们的具体想法。

了解自己的视角并没有什么用。它已经在那儿了，在底层发挥着作用，不断地演变着。刻意彰显视角本身反而会导致错误的表述。我们有时候会紧紧抓着一些偏颇地代表自己视角的、有局限性的故事不放手。

韦恩·戴尔[2]说，你挤压橙子，出来的是橙汁。当你自己被挤压时，出来的是你的内在。其中的一部分，就是你自己都不知道自己拥有的视角。它早已融入你的创作，以及你分享的诸多见解。

在作品完成很久之后，我们也许可以回过头来，明白其中自己真正的视角是什么。

我们不需要为了彰显而彰显。到它显现的时候，它自会显现。真正的视角已经在纯真的感知和创造行为中表达了。知晓这件事，会是一种解放。人都能跟着轻松一些。因为我们不用再惦记着这个过程本身，或者担心别人不理解自己。我们可以自由地存在着，让一切素材穿过我们，不必关心这个过程是否通畅。

艺术的伟大在很大程度上是直观可感的。你的自我表达，容许了观众的自我表达。如果你的作品能走进他们的内心，那么你是否真正地被听到和被理解，就无关紧要了。

不要在意你的作品是否会被理解。这种想法只会对观众和艺术本身造成干扰。大多数人不想被别人告知该怎么思考，该有什么感觉。

伟大的艺术通过自由的自我表达被实现，通过自由的个人解读被接收。

伟大的艺术开启对话，而不是结束对话。这种对话，往往始于偶然。

⊙

大多数人喜欢融入人群。

我们不仅要适应穿过我们的素材在不断演化，还要适应我们身处其中的文化的界限和条框。

随大溜，能带来伟大的艺术吗？如果我们连自身独特的视角都要摒弃，那为什么还要当艺术家？

我们这些选择作为艺术家生活的人，把我们的滤器视为一份宝贵的礼物。拒绝它，是一种悲剧。它折射的正是我们自己独一无二的艺术景观，里面包含着各种可能性。一件艺术作品怎么可能是一种羞耻的乐趣呢?

⊙

披头士乐队受到美国摇滚乐,如查克·贝里[3]和谢利斯合唱团[4]的影响。但他们在演奏时,却并不像后者。他们之所以不同,不是因为他们想要标新立异,而是因为他们本身就是不同的。世界响应了这种不同。

无数的例子表明,模仿可以变成真正的创新。对先前的艺术家、流派或传统怀有浪漫情怀,可能会让你创造出新的东西,因为你的视角不同,你看到的东西就不同,不会"只缘身在此山中"。赛尔乔·莱昂内的意大利式西部电影,希望模仿的是20世纪40年代和50年代的美国西部电影,但拍出来却是抽象的迷幻神话。

模仿另一个艺术家的视角是不可能的。我们只能在同一片水域游泳。所以,大胆复制那些你向往的作品就好,把它们当成寻找属于自己的声音的必经之路。这个传统久经考验。

⊙

在文化中,过去、现在和未来之间总是有着对话,即使我们不清楚传递的内容是什么。作为创作者和爱好者,我们分享和接受不同的视角,参与并推动这种交流。

当我们听说新东西时,我们会想到过去的经历,以及我们错过了的可能性。我们过去以为只能往前走,但发现有人左转,这就表明我们可以右转。然后我们的右转,可能又会激发其他人探索全新的方向。

这是一个共生循环。文化影响了你,而你影响了你的作品。然后,你的作品又会反馈到文化中去。

如果没有无数不同观点的同时分享,人类就不可能持续向未知领域进发。

对世界表达自己,和创造力是一回事。如果不表达,你就不可能知道自己是谁。

---

1 卡尔·罗杰斯(Carl Rogers,1902—1987),美国心理学家。——译者注
2 韦恩·戴尔(Wayne Walter Dyer,1940—2015),美国作家、演讲家。——译者注
3 查克·贝里(Chuck Berry,1926—2017),美国吉他手、歌手、词曲作者。——译者注
4 谢利斯合唱团(The Shirelles),美国女子合唱团,活跃于20世纪六七十年代。——译者注

打破成规

⊙

在制作阶段,有时你会遇到瓶颈,努力但是作品没有起色。在放弃之前,不妨想办法打破成规,重新激发你对作品的热情,就像第一次接触它一样。

在录音室里,基于上述目的,我偶尔会建议艺术家做一些练习。练习的时候并不期望有什么结果,只是为了重新焕发热情,尝试新的表演方式。

以下是其中几种练习。无论你是否已经陷入僵局,它们都可能激发你在你的领域进行类似的试验。

小步快跑

为了让一位遇到瓶颈的音乐家动起来，我们给他布置了一个小任务：每天只写一句歌词。他对这句歌词的感觉是好是坏并不重要，只要坚持写就行。如果能写出更多也没问题，但没有必要。通过将看似庞大无解的任务分解成一句一句的，他重新打开了创作的通道，最终重新开始整首整首地创作歌曲。这个过程发生得比预期快很多。

改变环境

如果我们想改变一下表演的状态，动一动环境中的某个元素会有所帮助。关掉灯光，在黑暗中演出，可以让意识有所转变，打破表演的千篇一律之感。我们还尝试过让歌手拿着麦克风，而不是站在麦克风前，以及在清晨而不是晚上录音。为了尝试更多的变化，一位歌手选择把自己倒挂起来唱歌。

调整风险感

除了外部环境，你还可以改变内在。如果一个乐队想象这是他们最后一次演奏某首歌，那么他们的表演方式就可能不同于一次次重录的状态。也可以试试降低风险感，比如在录音前进行一次排练，可能会带出最好的表演。

邀请观众

如果艺术家一在众人面前表演就很来劲，我们可能会请几个人来现场看。有人观看，会影响艺术家的行为。哪怕观众中只有一个不是项目相关人员的人，也能有效果。虽然有些艺术家可能会在观众面前用力过猛，另一些则会有所保留，但大多数艺术家在有其他人在场的情况下会更加专注。即使你的艺术是非表演性的，比如写作或烹饪，有人围观依然会促成一些改变。我们的目标是，在每种情况下找到能激发你最佳状态的特定参数。

改变情境

有时，歌手无法与歌曲产生共鸣，就像演员平淡无奇地念台词一样。为歌词创造新的含义或额外的背景故事可能会有效果。一首情歌唱给久别重逢的知己、与你吵架吵了 30 年的伴侣、某个你看到但从未与之交谈过的街头陌生人或者你的母亲，听起来都会各有不同。

我曾经建议一个歌手，把一首写给一个女人的情歌作为对上帝的奉献来体会。同一首歌，我们可以在不改变任何歌词的情况下，尝试多种变化，看看哪个版本能带出最好的表现。

改变角度

我们在录音室有时会使用的一种技巧是，将耳机中对应音轨的音量开得特别大。当每个音都在你耳边爆炸时，你会自然而然地倾向于变得更轻柔来恢复平衡。这是一种强制性的角度变化，可能会带出更精细的表演。即使是歌唱，也会变得轻声细语，因为音量再大一点儿就会让人喘不过气。相反，如果想让某人唱得更响亮、更有活力，我可能会让他把耳机里的音量调小，这样他的声音就会被音乐淹没。无论在什么情况下，如果遇到困难，不妨考虑有没有什么方法可以通过设计周围环境，自然而然地鼓励你追求你想要的结果。

在音乐会上，不同的灯光设计，可以让表演者看到人群和人群中的面孔，或者根本看不到任何人。这会影响表演本身。如果表演者使用的是入耳式监听耳机，听到的只有他演奏的音乐，没有观众的回应，那么与听到音乐里混合着人群中的尖叫声相比，其表演效果就会大相径庭。试验不同的场景，观察它们能带来什么效果，从而找到你想要的表演。

为他人写作

如果一个音乐家的歌都是他自己写的，我会建议："想象一下，如果你喜欢的艺术家邀请你为他的下一张专辑写一首歌，这首歌听起来会是什么样子？"

给你最喜欢的艺术家创作作品，他演唱你写的歌一定会让你心潮澎湃，这可以使创作过程变得不那么个人化，也能让作者摆脱自我的束缚。卡洛尔·金[1]和格里·戈芬[2]曾经共同创作了一首赋权女性的经典歌曲《(你让我感觉像)一个自然的女人》[3]。卡洛尔·金——当然还有艾瑞莎·弗兰克林——演唱了这首歌。当我知道歌词其实是戈芬写的，金只是谱了曲的时候，我感到很惊讶。

我有时候会要求音乐人选择一位歌词和观点与自己大相径庭的艺术家，以减少音乐人随着职业生涯的增长，越来越墨守成规的倾向。如果这个音乐人是浮夸的风格，我们可能会选择一位风格更柔弱、轻声细语的作词人。如果你倾向于写 X 风格的歌，那么选择一位与 X 风格截然相反的艺术家来与你合作会很有意思。这并不意味着这首歌会很成功。姑且可以试试效果。有时候，这样做会把你引向更好的境界。

与其他练习一样，这个练习也适用于任何领域。如果你是一位画家，那么为你最喜欢的画家创作一幅原创新作，能打开一条通路，通向有趣的结果。许多艺术家对自己能做什么、不能做什么有预设观念，长此以往会形成桎梏。因此，跳出自己的条条框框，进入别人的世界，大有裨益。

添加图像

我在制作一张专辑时，乐队在键盘独奏上遇到了困难。情绪不对。我们想要更宏大的东西。于是我们没有找参考音乐，而是设想了一个场景。这是一个大战结束后的战场，"想象一下，在一座山丘上，绿草如茵，树木葱茏，花草繁茂，美妙极了。在这里，一场战斗刚刚结束。硝烟散开，显现散落在山丘上等待救援的伤兵"。我们非常生动地描绘了这个场景，然后说"就像这样演奏吧"，并按下录音键。键盘手弹得好极了。

从那以后，我们就一直在使用这个技巧。很多时候，我们甚至不知道画面和我们想得到的内容之间有什么联系。只是想一个具体的画面或故事，或想象自己正在为一部电影配乐，再开始演奏，就往往能给一首本来"难产"的歌带来强有力的帮助。

限制信息

当词曲作者寄来一首歌的小样，给乐队在录音室录制时，我不想让乐手们受到小样里的音乐任何先入为主的影响。因此，我通常会让一位乐手，通常是吉他手，听完后学习和弦，并将它们记成带歌词的和弦谱，然后交给乐队。

然后，吉他手和歌手表演这首曲子，除了速度上参考这类歌曲普遍的拍速，没有任何节奏型之类的预设。

当你这样与优秀的音乐家合作时，他们可以更自由地发挥。他们不会只录制一个好的版本，而是会充分发挥自己的创造力和决策力，将歌曲带到一个让人意想不到的全新高度。如果尝试了不同的方法后效果不佳，他们可以再听一遍小样，不过这种情况很少出现。

总的原则就是要有意识地保护与你共事的创作者们，让他们尽量少经历那些会干扰其创作的事。将给定的信息限制在最基本的程度。如果你想让创作者全身心地投入，就要给他们尽量大的创作自由。编剧拿到的是一本书、一份大纲还是短短一句话，写出来的剧本会截然不同。

这些练习也不是什么金科玉律。意图就是创造不同的角度和条件，看看你或你的合作者在这些情况下会得到什么样的结果。你也可以发明一些练习的变种。如果使用这里的某一个练习，也可以在工作过程中随意更改其中的变量，或者在时机成熟时把这些讲究抛在脑后。练习本身完全不重要。目的只是建立框架，借助它超越成规，找到新的前进方向。

---

1 卡洛尔·金（Carole King），生于 1942 年，美国歌手。——译者注
2 格里·戈芬（Gerry Goffin，1939—2014），美国词作家，卡洛尔·金的前夫。——译者注
3 英文名为"(You Make Me Feel Like) A Natural Woman"，1967 年美国歌手艾瑞莎·弗兰克林（Aretha Franklin，1942—2018）演唱的歌曲。——译者注

完 成

⊙

随着作品在制作阶段不断改进，你会发现你已经充分探索了所有可行的选项。

那一粒种子已经实现充分的表达，该修剪的也已经修剪到你满意的程度。不多不少，刚刚好。作品的本质清晰地显露出来。这些时刻，成就感会油然而生。

从这里开始，我们进入创作过程的最后阶段。

在完成阶段，我们不再探索，不再建造。我们已经制作了这样一幅精美的画卷，只要精练一下最终的形式，就可以问世。

每个项目的收尾修饰和微调工作都不尽相同。它们可能只是简单地为一幅画加个画框，为一部电影调色，调整一首歌的最终混音，或再检查一遍手稿，确保措辞妥当。

与创作行为的其他阶段一样，完成阶段并不是你跨过了就不能回头的一条清晰的界线。在准备分享作品的过程中，你可能会意识到还有更多工作要做。可能需要修改、添加、删除或做其他一些改变。因此，你要回到制作或试验阶段，再来一次。

我们可以把完成阶段看作流水线上的最后一站。对成品进行检查，确保其符合你的最高标准。如果不符合，就退回进行改进。一旦达到标准，就确认，放手，开始你创作生涯的下一个篇章——无论那是什么。

⊙

一旦你觉得一个项目接近完成，让其他人从其他角度来看看会很有帮助。

主要目的不是接收提示或意见。这是你的作品，你的表达。你是唯一重要的观众。这么做是为了让你重新体验这件作品。

在为他人演奏音乐时，我们听到的声音与我们正常听音乐时听到的不一样。就好像借用了另一双耳朵。我们并不一定要依靠外界。我们更感兴趣的在于拓宽自己的感受面。

如果我们写了一篇文章，把它交给朋友，甚至还没听到对方的看法，我们与作品的关系就已经起了变化。如果把它交给导师，我们的视角又会有不同的变化。当我们把作品交给别人时，我们会审问自己，这些问题是我们在创作的过程中没有问过自己的。小规模地分享，会让我们潜在的疑虑暴露无遗。

如果有人选择与你分享反馈，那就认真倾听，了解这个人，先不用想作品的事。在提供反馈意见时，人们会告诉你更多关于他们自己的，而不是关于作品的信息。我们每个人看到的世界都是独一无二的。

偶尔，会有评论说到我们的痛处。它会与我们的某些感受产生共鸣，在我们的意识里，或者在更下层，我们会发现还有改进的空间。还有的时候，一句评语会触动我们的神经，我们会发现自己在为作品辩解，或者失去信心。

在这种情况下，最好让自己离开，清空你的心绪，以中立的心态再回来。批评可以让我们以一种新的方式进入工作。最后我们可能会认同这个评论，也可能加倍坚持自己最初的直觉。

有时，他人的质疑会让我们专注于作品的某个方面，并意识到这个方面比我们以为的更重要。这个过程会加深我们对作品以及我们自身的理解。

收集到的反馈所提供的解决方案不一定有用。但在丢弃它们之前，可以稍微想想它们是否指向了某个你没有注意到的潜在问题。

例如，如果有人建议去掉一首歌的桥段，你可能会先把它理解为"这个桥段得再检查一下"。然后从这首歌整体的角度，考虑桥段和它前后的关系。

如果你真的做出了高度创新的东西，抵触的人可能和喜欢的人一样多。最好的艺术作品会让观众产生分歧。如果每个人都喜欢，那可能是你做得还不够。

说到底，你自己一定要爱它。这件作品就是为你而生的。

⊙

工作进行到什么时候算结束？

没有任何公式或方法可以确认这个答案。这是一种直觉：当你觉得它已经完成时，它就完成了。

虽然我们避免太早定下最后期限，但在完成阶段，规定截止日期有助于集中时间把它完成。

艺术创作不是靠计划完成的。但艺术创作可以在计划内完成。

有些人认为这个阶段是整个过程中最困难的部分。他们说什么也不愿意放手。在这之前，黏土还是潮湿柔软的。一切都可以改变。一旦固定下来，我们就失去了控制。这种对永久性的恐惧在艺术和生活中都很常见。它被称为"承诺恐惧症"。

当最后一章即将结束时，我们可能会找借口拖延，迟迟不完成。

可能是突然对项目失去信心，断定它达不到需要的水平。我们会发现一些其实并不存在的缺陷。做一堆无关紧要的小修小改。我们感觉在遥不可及的地方，还存在着某种尚未被发现的更好的方案。只要我们继续努力，说不定哪天它就会出现。

如果你认定眼前的作品是那唯一的一件，它会永远地定义你，那么你就很难放手。追求完美的渴望太沉重了，压得我们喘不过气。我们会僵住，甚至最终会劝自己放弃整个作品，才能继续前进。

存于世间的艺术作品，都来自那些克服了这些障碍并发布了作品的创作者。也许世上存在过比我们所熟知的艺术家们更伟大的艺术家，但他们从来没能跨过这一步。

我们要记住，没有一件作品能完全完整地反映我们自己，它只能反映当下的我们。记住这一点，向世界发布作品就容易得多。如果我们等待，它就不能反映今天的我们了。一年后，我们可能会受到另一种能量的引导，创作出与它完全不同的作品。作品是有时效性的。时光流转，作品中蕴含的我们，也会逐渐消散。

抓着自己的作品不放，就像日复一日地写同一篇日记。宝贵的时刻和机会就这样流失，还会阻碍下一个作品的诞生。

你还要因怀疑和斟酌导致无法下笔，而白白浪费多少空白页面？记住这个问题。它会允许你自由地前进。

我们的环境里，没有什么是永恒的。我们在其中只是制作静态的物件。精神的纪念物。我们希望它们永生，在今后的世世代代都引起共鸣。有些确实会，大部分不会。我们无法知道。我们只能继续建造。

当你和作品达成同步时，就把它拿出手，然后继续前进。

每一个新项目都是新的机会，让你传达自己的想法。又一次击球的机会要来了。又一次连接的机会要来了。你内心日记的又一页写满了字，翻篇了。

⊙

对向世界发布作品的担忧，可能源于更深的焦虑。可能是害怕被评判、被误解、被忽视或被讨厌。我还能有更多的创意吗？我还能做出这么好的东西吗？

有人在乎吗？

放下关于他人如何看待自己或自己的作品的想法，是放手的一部分。在艺术创作中，观众最不重要。在完成作品，确认我们爱它之前，不用考虑作品会受到怎样的评价，或者我们的发布策略如何。

这与作品是否完美是两回事。我们反观自己的作品，可以发现其中的问题。也许我们在完成作品的那一刻没有发现，但当回过头来看的时候，我们往往会发现。永远都有需要修改的地方。没有正确的版本。每件艺术作品都是我们的一次迭代而已。

艺术创作的最大回报之一，就是我们可以分享它。就算没有观众，我们也培养了创作中涉及的各种本领，并把作品推了出去。完成作品是一个值得培养的好习惯。它能增强自信。尽管发布让人感到不安，但我们允许自己发布的次数越多，不安全感的分量就越轻。

不要想太多。只要你对自己的作品感到满意，并愿意与朋友分享，就到了该分享的时候。

在上个作品的最后阶段播撒新的种子，时机正好。对下一次创作的兴奋，可以产生必要的能量，帮助我们把眼前的创作收尾。当你开始有新的想法时，你可能会发现自己已经很难将注意力集中在手头的项目上了。这是好事。下一个项目的生命力，可以把我们从当前作品的纠结里拽出来。我们迫不及待地想完成当前作品，因为一个新的想法在召唤。

是时钟或日历
决定了新项目开始的时机，
还是因为作品本身
决定了自己？

丰盛之心

⊙

素材像一条河，穿过我们。当我们把自己的作品和想法分享出去时，新的素材就会补充进来。如果我们把它们都憋在心里，阻碍了流动，新的想法也就迟迟不会出现。

有丰盛的心态，河流就永远不会干涸。创意总是会到来的。艺术家纵情挥洒，不用怀疑会有更多的创意持续到来。

但我们如果保持匮乏的心态，就会想囤积创意。喜剧演员本来会遇到一个绝佳的机会，可以试验一个自己最喜欢的新笑话，但他却攒着不说，想等一个更大的场子再说。素材用掉了，就会有新的进来。我们分享得越多，技能就会提高得越多。

选择在匮乏中生活会导致停滞。我们如果一直雕琢一个项目，就永远没有机会做另一个。对河床干枯的恐惧和追求完美的劲头阻碍了我们继续前进，阻断了河的流动。

种瓜得瓜，种豆得豆，每种心态都符合这种普遍规律。

如果我们的头脑创造了一个认为自己拿不出太多好素材、好想法的，充满限制的世界，我们也就看不到宇宙提供的灵感了。

河流也会缓下来。

在丰盛的世界里，我们有更大的能力去完成和发布我们的作品。当有如此多的想法有待实现和如此多的伟大艺术作品有待创作时，我们不得不投入、放手并向前迈进。

如果我们只有一件作品要做，而且打算做完就退休，我们就不可能有完成它的动力。如果我们把每件作品都当成要给自己的艺术人生盖棺论定的，那我们就会无休止地朝着不切实际的完美，无止境地修改。

音乐家可能会推迟发行专辑，因为他们担心自己的歌还没有做到极致。然而，专辑不过是日记而已，是艺术家在那一时期的生命缩影。一篇日记，不是我们一生的故事。

我们的整个创作生涯，比单一的容器可大多了。我们的作品，充其量只是其中的篇章。新的篇章总会有的，之后还会再有。尽管有些篇章可能比其他的好，但这不是我们要关心的。我们的目标是自由地结束一个，开启下一个，只要还能从中收获愉悦，我们就可以继续。

你的旧作品并不比你的新作品更好。你的新作品也不会比旧作品更好。艺术家的生涯有高潮，有低谷。这种"有一个黄金时期，而你已经度过了它"的假设，只有你相信，它才会变成真的。在每一个时刻、每一个篇章全力以赴，这就是我们能做到的最好了。

作品永远有可改进之处，永远可以再做一个版本。要是再做两年，它肯定会变得不同。但是变得更好还是更差了，无法确认，只能说是不同。你也一样。可能你已经超越了那个花费数年心血完成那件作品的自己。它已经不能清晰地反映现在的你。它看上去像一张旧照片，而不是镜子。完善并分享早已与自己失去连接的作品，是一件令人沮丧的事情。

丰盛之心赋予我们信念去相信，我们最好的创意还没有到来，最好的作品还在后头。我们完全可以活在创意泉涌的能量状态里，保持这个势头，自由地创造、发布，继续创造下一个、发布下一个。每一个篇章，都会让我们积累经验，提高技艺，再接近我们自己一点点。

试验者和完成者

⊙

多数艺术家的天性趋向于两种类型中的一种：试验者或完成者。

试验者更愿意沉浸在梦境和玩耍之中，不太擅长完成和发布自己的作品。

完成者是其镜像，或者说倒影。他们能保持清晰的思路，快速地到达终点。但他们不太喜欢探索那些在试验和制作阶段涌现的选项和可能性。

不管是哪一种艺术家，都会发现对方值得借鉴。

完成者如果多花些时间在早期阶段，有好处。在标准要求的基础上多输出一点儿，尝试不同的素材、设想和角度。给自己留出即兴发挥和惊喜的空间。

试验者应该试试先把作品的一部分做完。一幅画、一首歌、书的一个章节，都可以。哪怕只是为整个项目先做一个基础的决策，也有好处。

以专辑为例。如果你是一位音乐家，正在为 10 首歌而苦恼，那就先只聚焦在 2 首歌上。当我们把任务定得更有把握、目标更明确时，事情就能有起色。先完成哪怕一小部分，也有助于树立信心。

从 2 到 3 比从 0 到 2 容易得多。如果刚好在 3 这里卡住了，那就跳过，把 4 和 5 做完。

先不要盯着卡壳的地方不放，把项目分解成小块，各个击破。一旦工作量没那么多了，再回过头来，就会容易解决。在完成其他部分的过程中获得的知识，往往会变成解开先前困境的钥匙。

临时规则

⊙

艺术创作过程会涉及忽视规则、放弃规则、破坏规则,以及拔除在潜意识里制约我们的规则。其实,施加规则,或者将规则作为圈定项目的工具,也颇有用武之地。

在没有材料、时间和预算限制的情况下,你面临的选择是无限的。如果你接受限制,选择的范围也会跟着收窄。无论是人为地还是出于对可行性的考虑施加限制,将限制视为机会都可能是有益的。

就好比为每个项目配好了一套调色板。在这样的限制下,要解决的问题会变得更加具体,而之前唾手可得的解决方案反而不好用了。这么限制可以让新作品容易获得新的个性,跟过去的作品区分开,甚至实现突破。新颖的问题,会导向有独创性的解决方案。

乔治·佩雷克[1]写了一整本书,通篇没有使用法语字母表中最高频的字母:e。这本书成为现代文学中最著名的一部试验性作品。

画家伊夫·克莱因[2]决定将他的调色板限定为一种颜色。这让他发现了一种从未有人见过的蓝色。很多人把这种色调本身视为艺术,后来它被命名为"国际克莱因蓝"。

导演拉斯·冯·提尔[3]提出了"道格玛95(Dogma 95):纯洁宣言",旨在减少电影制作中的人为因素。规则如下:

1. 拍摄必须在现场进行,不能有不合逻辑的道具或布景。

2. 只允许存在画面本身的声音。绝不额外配声音,例如场景本身并没有的背景音乐。

3. 所有镜头必须手持拍摄。移动、静止和稳定都不能借助手以外的任何工具。

4. 电影必须是彩色的,不能用特殊照明。如果曝光不足,可在摄影机上安装一盏灯。

5. 不能使用光学处理工具或滤镜。

6. 不能有"肤浅"的行为（如设计谋杀现场、精致的特技等）。

7. 禁止时空异化，也就是说电影必须发生在当下这个时间、当下这个地点。

8. 不能是类型片。

9. 只能用 35 毫米胶片。

10. 导演不得署名。

这则宣言发布 3 年后，托马斯·温特伯格[4]推出了第一部正式的道格玛 95 电影。该片名为《家族庆典》，一经推出便大获成功，并在 1998 年戛纳电影节上荣获评审团奖。

受到冯·提尔的启发，键盘手莫尼·马克（Money Mark）制定了一套适用于音乐的类似规则，录制了他最受好评的专辑之一。

棒球或篮球运动用规则定义了自己，很少被改变。创新只存在于这些规则之下。作为艺术家，我们每次创作都可以制定一套新规则。当然，如果有新的发现促使我们这样做的话，我们可能会经过深思熟虑，选择在项目的过程中打破规则。说是这么说，但如果不认真对待规则的话，规则就没用了。

规则没有好坏。只有适合当前情况、服务于艺术的规则，或者不这样的规则。如果我们的目标是尽可能创作出最美的作品，那么只要确实有助于实现这一目标，这个做法就是好的。

⊙

　　对于已经有了一些作品的艺术家来说，施加规则尤其有价值。如果你已经在某个技艺上或在某个领域有所建树，那么临时规则有助于你打破定势。它会挑战你，要求你变得更好，去创新并展现自己或作品的新面貌。

　　一些技艺炉火纯青的大师，会改用自己不太熟悉的乐器或媒介，因为这样的挑战能让他们免受自身技术的影响，更多地显露其艺术的本质。

　　改变要素，迫使自己走出舒适区。如果你总是用笔记本电脑写作，那就试试用黄色的标准拍纸本。如果你是右撇子，那就用左手画画。如果你基于乐器创作旋律，那就写一首无伴奏合唱曲。如果你平时使用专业设备拍摄，那就考虑只用手机的摄像头拍摄一整部电影。如果你总是认真做研究来为角色做准备，那就试试即兴。

　　无论你的选择是什么，要构成一个框架，打破你正常的节奏，看看这样能带来什么。你设置的这些限制本身就注定了这个作品与你以前的作品不同。至于是否更好，无所谓。目的是自我发现。

　　如果你习惯写短段落，那你可以试试写长段落。你可能不太喜欢新的形式，但你可能会在这个过程中学到一些东西，从而改进你写的短段落。打破规则，会让人对自己过去的选择有更深的理解。

有些成功的艺术家在考虑改变风格或方法时，会担心自己的追随者。他们会问：观众会接受这样的改变吗？

在探索新领域的过程中，你很可能会失去一些粉丝。也可能出现一些新的粉丝。无论如何，只局限在自己熟悉的领域，既对不起自己，也对不起观众。如果你一次又一次地走回老路，你就会失去那种惊奇和发现的能量。

---

1 乔治·佩雷克（Georges Perec，1936—1982），法国小说家、电影人、文论家。——译者注
2 伊夫·克莱因（Yves Klein，1928—1962），法国艺术家。——译者注
3 拉斯·冯·提尔（Lars von Trier），生于 1956 年，丹麦电影导演、编剧。——译者注
4 托马斯·温特伯格（Thomas Vinterberg），生于 1969 年，丹麦电影导演，"道格玛 95：纯洁宣言"的联合发起人。——译者注

规则是构建觉察的一种方式。

伟大

⊙

想象自己一个人永远住在山顶。你建造了一个永远不会有人拜访的家。尽管如此,你还是要投入时间和精力来打造这个空间,毕竟你要在里面生活。

木材、盘子、枕头,无一不精美绝伦,为你量身定制。

这就是伟大艺术的精髓。我们创作的目的无非是创造属于我们的美丽,将我们的全部投入每一个项目,无论这个项目受到何种局限。将其视为一种奉献,一种虔诚。我们按照我们认为的最好,去做到最好——用我们自己的,和别人完全不同的品味。

我们创作艺术，是为了让自己能够栖居于此。

对伟大的衡量是主观的，就像艺术本身一样。没有硬性指标。我们只为一个观众表演。

如果你认为"我不喜欢，但别人会喜欢"，那你就不是在为自己创作艺术。那样你就是在做商业了，这也没什么；只不过这不是艺术。两者之间本没有明确的界限。你的创作越是公式化，效仿时尚潮流，是艺术的可能性就越小。事实上，那种状态下的创作，往往连那样的目标都达不到。除了自己喜不喜欢，也没有什么别的更有效的指标去预测别人喜不喜欢。

对批评的恐惧。对商业成绩的依恋。与过去作品的竞争。时间和资源的限制。想要改变世界的愿望。在对伟大的追求中，除"无论它是什么，我都想做到最好"之外的任何故事，都是在拖后腿。

与其关注创作会给你带来什么，不如专注于你对这件艺术作品的贡献，打破天花板，把它尽可能做到最好。

如果你的项目是纯粹功能性的，比如设计一辆可以达到特定的最高速度的汽车，那么其他意图可能也很重要。如果你的项目纯粹是艺术性的，那么请调整你内在的声音，专注于纯粹的创作意图就好。

只以出色的作品为目标，会产生涟漪效应。为你所做的每一件事设定一个标准,这可能不仅会把你的作品提升到新的高度,而且会增加你整个生命的活力。它甚至会激励其他人把工作做到最好。伟大孕育伟大。它具有感染力。

成 功

⊙

如何衡量成功？

成功不是知名度、金钱或评论界的好评。成功发生在内心深处。在你决定发布作品的那一刻，在你还没有被任何意见左右的时候；在你竭尽所能，将作品的潜力发挥到极致的时候；在你感到满意并准备收工的时候，成功已经到来。

成功与自身以外的变量无关。

前进是成功的一个方面。我们完成一件作品,分享它,并开始一个新项目,这算是一种成功。

无论获得这种平静的成就感之后会发生什么,那都是市场的事情,不是我们所能左右的。我们的使命是全力以赴创作出美丽的作品。有时它们会获得掌声或回报,有时不会。如果对自己的内在认知不自信,试图预测别人会喜欢什么,那我们最好的作品永远也不会出现。

⊙

流行的成功并不是衡量作品和价值的良好指标。一部作品要想在商业上取得成功,需要具备一堆条件,而这些都与作品本身多好无关。这些条件可能是时机、发行机制、文化氛围或与时事热点的关联等。

如果在项目发布的同一天发生了全球性灾难,项目可能会暗淡收场。如果你改变了风格,你的粉丝可能不会一上来就接受。如果在同一天另一位艺术家发布了备受期待的作品,你的项目可能受到冲击,热度偏低。这种变量大部分都是我们完全无法控制的。我们唯一能控制的就是把作品做到最好,分享它,然后头也不回地开始创作下一件作品。

⊙

这种倾向挺常见的：渴望外在的成功，希望它能填补自己内心的空虚。有些人把成就当成解药，作用是弥补内心的不足感。

追求外在成功的艺术家们很少能准备好应对现实的重量。成名这件事的方方面面，都和公开媒体描绘的不一样。成名的艺术家往往和以前一样空虚，甚至可能更加空虚。

如果你坚信成功可以治愈你所有的痛苦，而当成功来临时却发现没有效果，那你就容易走向绝望。当你意识到，你耗费生命里大部分的时间去追逐的东西，消除不了你的不安和脆弱时，抑郁就会随之而来。而且成名之后，各方面的后果和代价变得更大，这会进一步放大你的压力。从来没有人教过我们，如何处理这种巨大的失望。

忠实的受众可能会让人感觉像一座监狱。音乐家通常一开始只做特定风格的音乐，因为这是他们自己喜欢的那种风格，并且他们可能凭借这个风格取得巨大成功。如果这个时候他们的品味变了，他们可能会觉得自己被束缚在老路上，特别是考虑到如今有经理、公关、经纪人、助理等太多的人与自己的商业成功有利害关系。在个人层面，他们甚至会把过去的风格看成自己身份的一部分。

无论何时，只要你直觉上想要运动和进化，跟随直觉就是明智之举。另一条路——困在失去领地的恐惧里——是死路。你可能会失去对创作的乐趣和信念，因为过去那一套已经不再能体现真实的你自己了。结果作品出来，流于空洞，到底还是吸引不到受众。

想想看，当初取得成功的原因可能并不是你的那个风格，而是你自己的激情。这样的话，如果你的激情转到别处，你就应该跟随。引发他人的共鸣的，不是别的，就是你对自己的直觉和兴奋感的信任。

同样的结果可以被评价为巨大成功，或者一败涂地，这取决于不同的衡量角度。特定的衡量角度会笼罩一个作家长期的职业生涯。如果一部作品在其他大多数衡量标准下都是成功的，但还是被贴上了失败的标签，那也会让创作者在继续创作时更加害怕尝试。

因此，保住你对成功的个人定义至关重要。无论你在公众认知的阶梯上处于什么位置，开始新的创作时都要有"已经没有什么可以失去"的无畏之心。

如果我们能调谐于一个想法，
即不对结果产生情感依赖地
去制作，去分享，
作品就更有可能
以最真实的形式到来。

抽离而不断开
（可能性）

⊙

试着从你正在发生的生活故事里抽离出来。

你的小说手稿在一场大火中丢失了，那是你多年的心血。你的恋爱关系破裂了，你明明以为一切都进展顺利。你丢掉了自己很在乎的工作。尽管听起来很难，但你还是要让自己像看电影一样去经历这些事。你正在目睹一个戏剧性的场景，主人公面临着难以克服的挑战。

主人公是你，但也不是你。

面对失恋的心碎、裁员的压力或失去亲人的悲痛，与其沉溺其中，不如练习抽离。抽离的感觉可能是这样的：我没料到情节会如此曲折。我想知道在我们的主人公身上接下来会发生什么。

总会有下一场戏，而下一场戏可能无比美好和充实。艰苦的岁月，正是让这些新的可能性诞生的必要条件。

结果不是结局。黑暗和白昼，都不是终点。它们存在于不断展开、相互依存的循环里。无所谓好坏，只是存在着而已。

这种实践——永远不把某个经历当成你故事的全部——将给你的生活带来广阔的可能性，以及长久的平静。当我们过度专注于这些事件时，它们可能看起来无可救药。但它们只是广阔人生中的片段，你站得越远，片段就会显得越渺小。

凑近并深陷其中，或者把镜头拉远、观察。这是可以选择的事。

当我们陷入僵局时，绝望感就会袭来。遇到困难，心态上置身事外，远远望去，看见能应对它或者越过它的新路径，这种能力有无限的妙用。

如果我们允许这一原则在我们身上发挥作用，我们的想象力就会解开我们心里那张缠住自己的、由个人叙事和文化叙事编织的天罗地网。艺术有能力让我们从麻痹中清醒过来，让我们敞开心扉，认识到一切皆有可能，并与流淌于万物之中的永恒能量重新取得连接。

狂喜

⊙

你在听一首音乐时,是否有过进入其中,好像入迷了的感觉?在读一本书,或凝视一幅画的时候呢?

这可能是你最初想要参与创造性工作的原因之一——那种记忆,以及想要反复体验那种感官愉悦的渴望。就像咬上一口完全成熟、甜美多汁的水果。

现在想想,在达到完美的平衡状态之前,作品要经历的一切。所有失误的试验。那些行不通的想法。那些艰难的决定。还有那些事后发现影响甚大的微小调整。

在创作过程中的关键时刻,艺术家依据什么检验作品的状态?你如何知道这件作品——以及你正在做的添砖加瓦——是好的?如何判断方向正确?什么样子的进展才是好的?

你可以说依据的是一种感觉。一种内在的声音。好像一句轻声的低语,引得你开怀大笑。一种进入房间并占据身体的能量。你可以叫它喜悦、敬畏或欣喜,当一种和谐感、满足感突然升起的时候。

狂喜就是这么来的。

狂喜是我们的罗盘,指向真正的北方。它诚实地产生于创作的过程中。你在工作,在挣扎,突然间,你发现了一种转变。一种启示。你做了一个微小的调整,打开了一个新的角度,它让你屏住呼吸。

即使是看似最平凡的细节,也可能产生这种影响。句子中一个字词发生变化。瞬间,这段话就从胡言乱语变成了诗歌,变废为宝,水到渠成。

艺术家可能会在创作过程中遇到这种情况,作品一直没有什么风采。突然,一个转变发生,同一件作品现在看起来就非同寻常。

要实现从平庸到伟大的飞跃,并不需要什么。这种飞跃不一定能用理性解释,但一旦发生,它肯定是清晰且令人振奋的。

这种情况可能发生在项目的任何阶段。你的创作可能已经不温不火地进行了好一阵子。当你听到一个新的音符时,你突然感觉如触电一般。你专注起来,身体前倾,感受到一股能量,如同祈祷得到了回应。

这种感觉是对你走在正确道路上的确认,也是对你继续前进的提示。这表明你正在接近了不起的东西,你在做的事情蕴含更深的真相。这件作品根植于某种值得探索的重要事物。

这种顿悟是创造力的核心。这种感受在调动我们的全部身心。它让我们精神集中,心跳加速,或在惊喜中大笑。它让我们瞥见更理想的模样,打开了我们不曾了解的新的可能性。它是如此让人激动,以至于这里面所有费力不讨好的枯燥劳动部分也都显得值得。

我们一直在挖掘这些事件:那些把散点连接在一起的时刻。看到整个形状变得清晰,我们陶醉且满足。

⊙

狂喜的本质是动物性的。这是一种身体脏器的反应,而不是大脑的。它不用有什么意义,也无须被合理解读。它的出现,是在引导我们。

理智能帮助完成作品,也能"事后诸葛亮"地给我们解释我们为什么快乐,但艺术创作要求我们跳出头脑的范畴。创作的一个美妙之处就是,我们能够惊到自己,并创作出超越我们当时理解范畴的,甚至我们以后也无法理解的东西。

隐藏在我们深层精神里的想法和情感，可能会进入我们的歌词、场景和画布。许多艺术家在作品问世后很久才意识到，这其实是一种用隐秘的形式，彻底暴露自己的脆弱和秘密的公开坦白。那是他们某个部分的自己在试图和解，并找到一个表达的出口。

这件事情跟我们工作的深度不必然相关。尽管当你服从身体的本能反应时，你往往会到达比平时能触及的更深刻的所在。

狂喜会呈现为不同的感觉。有时，它是一种松弛的兴奋感，就好像当你被问到一个你觉得自己不懂的问题时，你发现自己居然依靠更深层次的认知，给出了完美的回答。体内迸发的能量会产生一种平静而振奋的自信心。

另一种狂喜，呈现为惊叹。你感受到一种情感，它强烈到你无法相信它正在发生的程度。它冲击着你的现实感，让你怀疑这不是真的。就像你恍然发现自己正在车水马龙的公路上逆行。

还有第三种，你会在不知不觉中被轻轻地带离现实。你听着一首歌，发现自己闭上眼睛以后被传送到另一个地方。当歌曲结束时，你会发现自己又回到了自己的身体里，你甚至有点儿被搞糊涂了。那就像从恬静的梦中醒来。

在你的创作中跟随这些感受。注意内在的反应。在创作过程中的所有体验里，狂喜，以及允许狂喜引导我们的创作行动，是最深刻、最珍贵的。

参考点

⊙

　　偶尔，你会发现你喜欢了挺长时间的一位音乐人出了一张新专辑，风格跟过去完全不同，听着有点儿奇怪。

　　初听这部作品，你感觉很别扭、很陌生。你不知道它为什么会是这样的。你不确定自己喜欢它，甚至可能会拒绝它。

　　但你还是放不下，听了又听。你的大脑里出现了一种新模式。原本陌生的东西变得熟悉起来。你开始注意到它与之前的内容之间的联系。无论你是否喜欢，你开始听进去了。

　　然后有一天，你意识到这张专辑成了你的人生至爱。

当一位受人爱戴的艺术家违背了大家的预期，或者一位年轻艺术家抛弃了受众已经接受的风格时，都会让人感到困惑。起初，我们可能会感到不满意或兴致寥寥。一旦我们克服了对这套新的艺术语言的不适，这些作品最终可能反而会成为我们最喜欢的。反之，我们立刻喜欢上的作品，时间一长，可能就不再具有同样的力量。

同样的现象，也会出现在我们做自己的作品时。

如果你正在寻找一个问题的解决方案，或者要开始一个新的项目，你可能会对新出现的某个选项产生强烈的负面反应。可能是因为想法实在太新，显得跟什么都不搭，本质上是你缺少一个了解它的情境。缺乏情境，新想法就会显得生硬或笨拙。

有时，最不符合我们期望的想法却最具创新性。革命性的想法之所以有革命性，就体现在它缺乏情境，仿佛凭空而来。它们自己给自己创造情境。

当我们最初体验到全新的事物时，我们的第一反应可能是拒绝，认为这不适合我们。有时候确实不适合。但也有时候，它能引导我们做出真正经得住时间考验的重要作品。

要格外注意强烈的反应。如果你一上来就觉得反感，那反而值得研究一下原因。强烈的反应往往有深意。通过探索这些反应，你可能会在创作道路上迈出新的一步。

非 竞 争

⊙

艺术是关于创作者的。

目的：表达我们是谁。

在这样的事情上谈竞争就很荒谬。每个艺术家都在自己的领域耕耘。你正在创作最能代表你的作品。另一位艺术家正在创作最能代表他的作品。两者不能相互比较。艺术与创作它的艺术家有关，也与他们为文化做出的独特贡献有关。

有些人可能会说，竞争成就伟大。永攀高峰、超越他人成就的决心，可以进一步帮助我们挑战自己创造力的极限。不过，在大多数情况下，这种竞争的能量等级其实很低。

想要超越另一位艺术家，或做出比他们更好的作品，很少会造就真正的杰作。这种心态也不会对我们的生活产生健康的影响。正如西奥多·罗斯福所指出的，比较是偷走快乐的小偷。况且，我们为什么要以贬低他人为目的进行创作？

然而，当另一件伟大的作品激励我们提升自己的作品时，能量就不一样了。看到自己领域的整体标准提高了，会鼓励我们百尺竿头，更进一步。这种迎头赶上的能量与击败，或者说征服的能量，截然不同。

当布莱恩·威尔逊[1]第一次听到披头士乐队的专辑《橡胶灵魂》时，他深受震撼。他当时想："如果我这辈子只能做成一件事，那就是要做一张这么好的专辑。"他接着解释说："我听了之后高兴极了，转身就开始写《只有上帝知道》[2]。"

别人最优秀的作品如果能让你也感到开心，并且激励你奋发向上，这不是竞争，这是合作。

后来，当保罗·麦卡特尼听到海滩男孩的《宠物之声》专辑时，他也被震撼得热泪盈眶，说《只有上帝知道》是他听过的最好听的歌。因为这个经历，披头士乐队在创作另一部杰作《佩珀军士的孤独之心俱乐部乐队》时，反复播放《宠物之声》。披头士乐队的制作人乔治·马丁（George Martin）说："没有《宠物之声》，就不会有'佩珀军士'。'佩珀军士'就是为了比肩《宠物之声》而生的。"

这种创造性的反复激荡并非基于商业竞争，而是基于对彼此的爱。在螺旋式上升的卓越里，我们都是受益者。

没有任何系统可以评出哪件作品最能反映创作者的风格。伟大的艺术是一种邀请，它召唤着世界各地的创作者努力追求更高水平、更深层次的艺术。

⊙

还有一种竞争可以说有百利而无一害：一个故事，一个在艺术家的一生中不断展开的故事。这是与自我的竞争。

跟自己竞争，可以看成对进化的追求。这件事的目标不是打败自己先前的作品，而是推动我们的艺术向前发展，创造一种进步感。重要的是获得成长，而非优越感。

随着时间的推移，我们的能力和品味也会发展进化，产出不同的作品，但这不意味着哪件作品比别的更好或者更差。它们是我们现在和过去的不同缩影。它们都是当时的我们的最佳作品。

在每个新项目中，我们都在挑战一件事，即用最美妙的方式反映我们在那个特定时间窗口的内心。

本着这种跟自己竞争的精神，向更远的地方、向意想不到的境界进发。哪怕做出了伟大的作品，也不要止步。超越它，继续向前。

---

1 布莱恩·威尔逊（Brian Wilson），生于 1942 年，歌手、音乐制作人、创作人，美国摇滚乐队海滩男孩（The Beach Boys）的联合创始人。——译者注
2 《只有上帝知道》（"God Only Knows"）是海滩男孩的单曲，发行于 1966 年，收录在专辑《宠物之声》（*Pet Sounds*）中。——译者注

精 髓

⊙

　　我们的所有创作，无论多么错综复杂，都具备某种潜在的精髓。一种核心特征或基本结构，就像支撑肉体的骨架。有人会管它叫"所是"（is-ness）。

　　如果一个小孩画了一座房子，它应该会包含窗户、屋顶和门。如果把窗户拿掉，再看这幅画，它仍然是一座房子。如果把门拿掉，它也还是一座房子。但如果去掉屋顶和外墙，只留下窗户和门，它还是不是房子就不好说了。

　　同样，每件艺术作品都有一种独特的、赋予其生命力的特征。

它可能是主题、组织材料的原则、艺术家的视角、表演的质量、材料、传达的情绪，或者是元素的特定组合。其中任何一个因素都可能在形成精髓的过程中发挥作用。

雕塑家用石头还是黏土，创作体验上完全不同。然而，石头作品和黏土作品可以具有相同的精髓。

精髓始终存在，我们在制作阶段的工作正是确保它不被遮蔽。从开始创作到完成，作品的精髓也可能发生变化。当你完善细节、添加元素、调整结构时，可能会出现一个新的、不同的精髓。

有时候你在创作过程中，感觉不到有什么精髓。你只是在做试验，在玩耍。最终当你得到一个自己确实喜欢的东西时，你可能就会意识到作品的精髓所在。

不断精简作品，使其尽可能地接近自身的精髓，是一种很实用且颇具启发性的实践方式。不断地做减法，直到如果再减下去它就不再是你的作品的程度，再看看你已经减掉了多少东西。

精简装饰，让作品朴素和直白到几乎简陋，但其整体性依然完好无损的程度。没有任何多余的东西。装饰有用的时候少，无用的时候多。少即是多。

如果你想把两个单元连在一起，两个句子也好，一首歌的两个段落也好，此时不使用过渡也一样可能产生巨大的力量。试着用最简单、最优雅的方式，用最少的信息来表达一个观点。

如果你拿不准某一元素用在这里好还是不好，那么放弃它大概率是个好主意。有些艺术家对于精简元素这种事情颇为敏感，就好像一旦缺少了某个部分，这件作品就会当场消失似的。其实只需要记住，任何去掉的东西都可以再加回来，只要真有此需要。

完美的最终实现，不是因为增无可增，而是因为减无可减。

—— 安托万·德·圣埃克苏佩里，《风沙星辰》

最后,
对我们自己作品的
所有精髓,
可以细细回想。
我们越接近
每件作品的真正精髓,
它们就越会
在某些时候
给我们线索。

伪经

⊙

每个艺术家都有属于自己的英雄。

这些创作者的作品让我们产生连接,他们的方法给我们启迪,他们的阐述我们都视若珍宝。这些天才仿佛超越了人类的范畴,简直如神话人物一般。

从远处看,我们怎么知道哪些是真的?

如果没有亲眼看见自己心爱的作品的实际创作过程,就不可能知道当时实际上发生了什么。即使我们亲眼看见了,我们的总结充其量也只是一种围观者的解释。

关于作品如何诞生，以及艺术家创作时的各种仪式的传说一般都很夸张，甚至常常纯属虚构。

艺术品是顺应自身的造化，自然而然地诞生的。我们可能会好奇一件杰作的构思从何而来，其中的元素是如何组合在一起的。但是，没有人真的知道这种事到底怎么发生，为什么发生。一般来说，创作者自己也不知道。

就算艺术家觉得自己知道，他们的解释也不够准确，不一定是故事的全部。

我们生活在一个充满不确定性的神秘世界。为了理解，我们要借助各种假设。接受这个现实，即人类经验本就极其复杂、难以理解，可以让我们从迷茫困惑中走出来，得以解脱。

一般来说，我们的解释都是猜测。这些模糊的假设，时间一长在我们的脑海中就被当成事实接受了。我们是解释的机器，我们用贴标签来代替仔细了解，这样有效率，但并不准确。我们是自己经验的不可靠叙述者。

因此，当一位艺术家创作的作品是由一双看不见的手完成的，事后众人大做文章去分析这个过程时，我们所得到的只是更多的故事而已。这些故事就是艺术史。而艺术的现实永远是不可知的。

这些故事可能很有趣，引人思考。但是，认为某种特定的方法是作品质量的保证，尤其是当你想通过一遍遍重复这个方法，以求获得类似的结果时，你就被误导了。

艺术和历史中的传奇人物有时被奉为神明。用他们来衡量我们自己是不对的，因为他们不是神明。他们和我们一样，人类会有的脆弱和缺陷，他们也有。

每位艺术家在创作时都会平衡自己的长处和短处。类似于这样的公式是不存在的：优点更突出等于更好的艺术，或者浪漫的自我毁灭等于更好的艺术。做艺术唯一重要的就是表达你自己。

一切艺术都是某种形式的诗歌。它总在变化，从不定型。我们可能认为自己已经彻底了解自己的某件作品在讲什么，但随着时间的推移，这种解读也会改变。创作者一旦完成作品，就不再是创作者。他们自己也变成了观众。而观众给作品附加的含义，一点儿也不比创作者少。

我们永远不会知道一件作品的真正含义。有一些我们无法理解的力量在起作用，记住这件事很有用。让我们创作艺术，把创作故事的空间留给别人。

我们在和魔法世界打交道。
没有人知道魔法的原理,
以及魔法为何存在。

屏蔽
（破坏性的声音）

⊙

  我们完成第一个项目可能会耗费数年甚至数十年的时间。它不受太多外界影响，平平常常地发展出来，在这个过程里，我们主要是在与自己对话。

  一旦我们把作品分享出去，外界的影响就会出现。你开始有受众，无论是朋友还是一群陌生人。有商业利益的个人和公司也会掺和进来。当我们着手下一个项目时，这些外部因素的声量会越来越大，影响我们的创作方向。比如，要求现在就赶紧拿出下一件作品，不要考虑质量。

当这些声音——截止日期、合同、销售额、媒体热度、公众形象、员工、管理费用、吸引客流、粉丝运营——进入艺术家的头脑时，这些顾虑让我们难以集中精神。如此下去，我们的艺术意图可能会从自我表达转向维持现状，从创意选择转向商业决策。

我们的艺术旅途到了这个阶段，学会屏蔽至关重要。防止外部压力进入我们内在的过程，对纯粹的创作状态造成干扰。

这时候，回忆一下当初创作第一件作品时，那个允许作品走向成功的清晰而朴素的心态。

不仅要把商业考量放在一边，外界对我们的需求和想法也要放在一边。在努力做出更好作品的过程中，不要让这些东西进入你的意识。

当你能够保持一个神圣的空间，在里面纯粹地专注于创作时，人人都会受益。其他的考量也能得到兼顾。

⊙

不管是新手还是资深的创作者，都难以忽略头脑中评头论足的声音。它反复说你才华不够。想法不好。艺术无用。别人不会喜欢。你是个失败者。

或者会有一个相反的声音告诉你，你所做的一切都是完美的，你会成为现象级的巨星。

更多的时候，这些都是你早年吸收的一些外界声音罢了。它们也许来自挑剔或宠爱我们的父母、老师或师父。这些声音并不是我们自己的。我们把别人的评判内化了。于是它们混杂在各种念头之中，我们忘了它们从何而来。

你在作品周围感受到的任何压力——内在的也好，外界的也好——都是自我检视的信号。艺术家的目标是保持纯粹和抽离。避免被压力、责任、恐惧和特定成绩的实现与否分散注意力。如果出现这种情况，调整重来也为时不晚。

调整的第一步是承认。注意自己是否被自我批评压得寸步难行，或者因害怕达不到他人的期待而喘不上气。记住，能否实现商业成功完全不受你的控制。唯一重要的是，在此时此地，你要尽你所能，做出自己喜欢的东西。

冥想的一个本质就是试图摆脱这些杂念。在一段时间内，要求自己放下一切顾虑，然后说，我只专注于一件事：做出好作品。

如果在此期间出现任何干扰，不要忽视它们，也不要关注它们。不要给它们任何能量。让它们靠边，就像云层散开绕过山峰一样。

经常进行这样的练习培养专注力，这可以运用到你所做的每一件事中。最终，屏蔽破坏性的声音并完全沉浸在工作中，不必是什么坚强的意志，而是一种习得的能力。

自 我 觉 察

⊙

在童年时期,我们很少有人被教导如何理解自己的感受,以及如何分辨其中的轻重缓急。大多数情况下,教育系统并不培养我们的感知力,只要求我们服从,做别人期望我们做的事。我们天然的独立精神被驯服。思考的自由被限制。施加在我们身上的是一套规则和期望,跟探索我们是谁、我们有什么能力无关。

这个系统不是为了我们好。它把我们作为个体束缚起来,以巩固其自身的长久存在。这对我们独立思考和自由表达尤为不利。作为艺术家,我们的使命不是迎合或顺从主流思维,而是保护并发展我们对自身和世界的理解。

自我觉察就是这样一种能力：不受干扰地调谐于我们的想法、感受以及感受的强烈程度，并留意我们观察外界的方式本身。

延展和提炼自我觉察的能力，是创作出具有启示性的作品的关键。有时，"很不错"的版本有无数种。我们如何知道何时才算达到杰出水平？

自我觉察能让我们听见身体里发生的一切，包括时而牵引我们、时而推开我们的能量变化。这些变化有时很微妙，有时却很强烈。

作为艺术家，我们对自我觉察的定义，跟我们调谐内在经验的方式息息相关，但和外界对我们的看法无关。我们越是认同他人眼中的自己，我们与万物的连接就越弱，我们所能汲取的能量也就越少。

我们要伸手触碰更高级的意识。解除对刻板的自我认知和局限的情感依赖。我们在寻找的不是自我的定义标签，而是自我的扩展，对自己无边际的本质以及与万物的连接的调谐。

自我觉察是一种超越。是对自负的放弃。是放下。

这个表述看似难以捉摸，因为它同时包含了"调谐自我"和"放下自我"。然而，二者并不像看上去那么矛盾。作为艺术家，我们在追求的就是不断地通过接近自我来接近宇宙。我们不断地接近一个点，在这个点上，我们已经分不清宇宙和自我的边界在哪里。我们走在一次漫长的哲学旅程中，从此处，到此时。

把你的项目看作比自己更大、更重要的事，
对创作有益。

近在眼前

⊙

　　艺术家偶尔会感到停滞，遇到障碍。这并不是因为创造力的河流停止了。河流不可能停止。创造的能量是可再生、无止境的。可能只是我们不去接触它了。

　　将艺术僵局视为另一种造物。你自己制造了一个障碍。你有意识或无意识地做了一个决定，决定不再使用本来随时可用的、丰富慷慨的能量流。

　　当我们感到束缚时，我们可能会用认输来创造一个突破口。如果我们放下所有分析性的思维，能量的河流可能会更容易找到再次流经我们的路径。我们可以去做、去成为，而不是去想、去尝试。要在当下行动，不对未来期许。

每一次认输，我们都有机会发现，我们一直在寻找的答案近在眼前。一个新的想法诞生了。房间里的一个物件也能激发灵感，再经由身体的感觉放大。

仔细思考一下这件事吧，在我们好像陷入困境、找不到方向、用尽全力还是走不通的艰难时刻。

如果这一切只是一个虚构的故事呢？

注意不要因为自己陷入求全的执念，而过早地放弃一个项目。我见过好几位艺术家在启动项目后，因为这个想法而放弃了项目。创作一件作品，然后发现它有个缺陷，于是就想丢弃整件作品。这种条件反射，发生在生活的方方面面。

看作品，要练习真正看到其中的内容，不受消极偏见的影响。保持开放心态，优点和缺点都看，而不是只关注缺点，让缺点压倒优点。你可能会发现，作品的 80% 都非常好，只要另外 20% 能做到妥当，这就是上乘之作。这比因为一小部分不完美而直接毁掉作品好得多。在你认识到一个弱点，打算把整个项目付之一炬之前，请考虑有没有可能去除或改进那个弱点。

有没有可能，创造力的源泉一直都在，它只是在耐心地敲着我们的感知之门，等待我们打开门锁？

如果你保持开放，

并且对正在发生的事保持关注，

答案就会被揭晓。

时间的耳语

⊙

　　艺术家经常质疑自己想法的分量。

　　长达 5 年之久的创作过程，可能始于梦里一闪而过的瞬间，或是在停车场无意中听见的只言片语。事后想想，这粒引导我们走上曲折道路的种子似乎微不足道。我们可能会怀疑它是否够分量，我们选择的方向是否够重要，值得我们投入这么多。

　　采集种子时，我们可能会期待某种伟大的征兆，指引我们选择一粒种子开始投入。好像会出现一声惊雷，预示这是一条正确的、命中注定的道路。其他那些看起来并不重要或并不宏大的想法，就被我们放弃了。

但大小并不重要。量级不等于价值。

我们不能根据源泉素材最初到来时的重要感，来衡量其价值。有时，最小的种子也能长成参天大树。从最天真无邪的想法出发，也能写出影响深远的作品。微小的见解，也能通往广阔的新世界。最微妙的信号可能是最重要的。

即使这粒种子如此平淡无奇——一个转瞬即逝的感知、一个意外的想法，甚至只是一段回忆，也足够。

大多数情况下，来自源泉的灵感和方向，都只是些微小的暗示。它们就像穿越虚空的微弱信号，安静、细微，好像耳语。

⊙

要听到耳语，心要静。我们的接收器经过精细的调谐，在所有方向上都处于活跃状态。

提高我们的接受能力，可能需要放松而非用力。如果我们试图解决问题，努力尝试可能会适得其反。在池塘里折腾，会搅动泥浆，本来的清水变得浑浊。在放松的心态下，耳语清晰可辨。

除了冥想，我们还可以带着问题出门散步、游泳或开车。我们不再紧紧抓着问题，只是让它在意识后面保留着。这样做，是在把问题轻轻地提给宇宙，然后打开自己，接收答案。

回答有时似乎来自外部，也有时来自内部。无论通过什么途径，我们都允许它从容地、不受迫地到来。耳语是无法强行获得的，只能以开放的心态去迎接。

期待惊喜

⊙

我们如果留心观察，就会发现有些最有趣的艺术选择是偶然产生的。它们产生于我们与作品融为一体，自我消失不见的时刻。有时候它们感觉像是错误。

这些错误是正在应对和解决问题的潜意识。它们是一种弗洛伊德式的创造性失误，你内心深处的某个部分，压过了你的意识层面，提供了一个优雅的解决方案。若被问及它是如何发生的，你可能会说你不知道。它只是在那一刻击中了你。

渐渐地，我们习惯了这种难以解释的时刻。在这些时刻，你无意中给予了艺术恰好需要的东西，答案来得如此轻巧，仿佛跟你的参与无关。

久而久之，我们学会了依靠未知之手。

对一些艺术家来说，惊喜是罕见的体验。但是这种天赋可以陶冶。

方法之一是放手，不去控制。放下对作品的所有预期。谦逊地对待创作，意想不到的事情就会多起来。许多人都被教导要通过纯粹的意志进行创作。如果我们放弃控制和强迫，那些想要穿过我们的想法就不会被阻挡。

这就像写书，你有一份详细的大纲。把大纲放在一边，不带计划地写作，看看会发生什么。开篇里的一个小前提可能会发展成更多的东西。这是你不可能计划的，如果你拘泥于既定的剧本，它就永远不会出现。

在你的意图已定、目的地未知的情况下，你完全可以松开握紧方向盘的手，让自己的意识层休息，跃入汹涌的能量流，看着意料之外的转折一次又一次出现。

这样的小惊喜一个带出两个，两个带出三个，你很快就会发现最大的惊喜：你能学会信任宇宙，信任自己和宇宙的连接，敢于把自己交给宇宙，相信自己是通往更高智慧的独特通道。

这种智慧是我们无法理解的，但人人都可以接触它。

在发现中生活,总是好过在假设中生活。

巨大的期望

⊙

在开始一个新项目时,我们常常会感到焦虑。多少经验、多少过往的成功、多么充分的准备,都挡不住焦虑来袭。

在有结果之前,存在两种对立的情绪。我们既因为可能创作出好东西而兴奋,又因为可能做不到而恐惧。而结果是我们无法控制的。

我们的期望有时候很沉重。我们担心自己无法胜任手头的任务。如果这次不成功,可怎么办?

只有信任创作的过程,我们才能远离这些忧虑并向前迈进。

当我们坐下来开始工作时，记住，结果不是我们所能控制的。如果我们愿意带着勇气和决心，带着我们收集到的所有知识，向未知一步一步地前进，我们最终会到达一个地方。那里可能不是我们事先选定的目的地。它也许会更有趣。

这不是一个盲目相信自己的问题。这是一种对试验的信念。

你不是一个在等待神迹出现的牧师，而是一个不断测试、调整、再测试的科学家。不断地试验，再从结果出发继续。信念是有回报的，也许比天赋或能力的回报更大。

毕竟，如果没有无条件的信念，我们怎么能为艺术提供它所需要的东西呢？我们必须先相信某种不存在的东西，才能允许它到来。

⊙

当我们还不知道应该往哪儿去时，也不要原地踏步。我们在黑暗中前进。如果我们的各种尝试都没有取得进展，我们就依靠信念和意志。在前进的过程中，我们可能会经历一些后退和曲折，再前进，没有关系。

如果我们尝试了十次试验，却没有一次成功，我们如何面对？我们可以认定自己有问题，自己是个失败者，根本没有解决问题的能力。或者，我们可以认识到，我们已经排除了十种行不通的办法，这让我们离解决方案更近了一步。艺术家的工作就是测试各种可能性，对于艺术家来说，找到正确答案是成功，排除错误答案也是成功。

在试验中，我们允许自己犯错，允许自己走过头，允许自己明知过头还要走得更远，也允许自己无能为力。这里面不存在失败，因为我们迈出的每一步都是到达目的地所必需的，当然也包括失误。每一次试验都有价值，只要我们从中学到了一些东西。即使我们无法理解它的价值，我们也仍在练习我们的技艺，向精通更进一步。

只要信念足够坚定，我们就可以在假装问题已经解决的情况下继续创作。答案就在那里，也许显而易见。只是我们还没有发现而已。

随着你完成更多的项目，这种对试验的信念也会与日俱增。你敢于心怀很高的期望，耐心地向前迈进，相信会有宇宙的神秘在眼前徐徐展开。你明白，这个过程会让你到达目的地，无论那是哪里。这种魔法般的孕育和发展，永远会让我们叹为观止。

有时,错误
就是作品的魅力所在。
错误,是人性在呼吸。

开 放

⊙

　　我们的思想寻求规则和限制。为了试图把握这个庞大的、充满不确定性的世界，我们形成了一些信念，这些信念组成一个自洽的框架，减少了我们的选择，给了我们一种虚假的确定感。

　　在人类文明出现之前，自然世界危险得多。为了生存，人类必须快速评估形势，分析信息。

　　今天，这种生存本能依然存在。面对铺天盖地的信息，我们比以往任何时候都更加依赖分类、标签和捷径。没有人能花时间、运用专业知识，以完全开放、不带偏见的心态来评估每一个新的选择。此外，把世界缩小、简化，让生活更容易掌控，能带来一种安全感。

安全和简化，对艺术家没有价值。用基础而单调的颜色限制我们的调色板，以适应上述信念框架，只会压抑创作。新的创作可能性和灵感源泉，会被阻挡在视野之外。如果艺术家一直演奏同一个音符，观众最终会失去兴趣。

千篇一律是一种沉闷。创作者到了某个时期，思想会变得更加抗拒新的方法或风格。随着时间的推移，工作里曾经有用的例行习惯，可能会变得狭隘、固定。为了打破这种模式，我们的任务就是让自己变得更柔软、更透明，允许更多的光照进来。

为了让艺术不断演化，我们的容器就得吐故纳新。我们的视角也要积极拓宽。

邀请持有不同信念的人参与进来，试着越过你自己的滤器。试试故意越过自己的品味能接受的极限。审视那些你觉得过于高雅或低俗的方法。我们能从这些极端中学到什么？有没有什么意想不到的惊喜？这是否为你的作品打开了某扇门？

考虑将这种做法推广到人际关系中。当合作者的反馈或做事方式与你的默认方式相冲突，感觉不太合拍时，可以把这种事当成一个激动人心的机会。尽你所能，从他的角度看问题，理解他的视角，而不是维护自己的观点。除了解决手头的问题，你可能还会发掘出关于自己的一些新东西，并意识到是什么在限制着你。

开放心态的内核是好奇心。好奇心没有预设立场，也不会固守单一的传统。它探索各种角度。它从来不介意新的方式，总是寻找独到的见解。它渴望不断扩展，在思想外部的边缘游览，并发出惊叹。它会揭露有些本不存在的界限，然后向着新天地进发。

⊙

当我们遇到一个艺术问题时，它之所以成为问题，通常是因为它与我们先前接受的什么是可能的、什么是不可能的信念相冲突。或者是因为它违背了我们的预期。

一首歌可能做着做着，就偏离了我们预先设定的类型。画家可能会提前用完某种颜料。电影导演可能会在拍摄现场遇到设备故障。

当事情没有按计划进行时，我们可以选择抵抗或者接纳。

与其当场停掉项目或大发雷霆，我们不妨想想手头的素材还能做些什么。有什么可以即兴发挥的？如何引导能量流换个方向？

我们遇到的问题背后，可能是一件好事。宇宙可能正在引导我们找到更好的解决方案。

我们无从得知。我们只能顺应挑战，保持开放的心态，放下包袱，放下我们耿耿于怀的叙事。我们只需从一个中立的位置出发，允许新的创作过程徐徐展开，欢迎变革的风指引方向。

许多人看似被围墙隔开。
但有时墙壁可以给人提供
越过或绕过障碍物的
不同的观看方式。

围绕闪电

⊙

　　灵感迸发的瞬间，信息多到爆炸。我们怎么可能不被这些闪电吸引？有些艺术家就像追逐风暴的人，等待着自发的闪电降下，那是怎样一种快感。

　　其实，少关注闪电本身，多关注有闪电降下的空间，是更好的策略。除非满足适当的先决条件，否则闪电不会击中这个空间；闪电来临之后，如果你不捕捉和利用它，电流也会消散在空间里。当我们被顿悟击中时，一大片可能性被打开。一瞬间，我们豁然开朗。我们进入了一个新的现实。即使我们脱离了这一高度兴奋的状态，其中那稍纵即逝的体验，也可能在我们心中残留。

如果闪电降下，带来的信息通过以太传给了我们，那么接下来就是大量的实际工作了。虽然我们无法指挥闪电的到来，但我们可以控制闪电所在的空间。具体来说就是事先做好准备，并且事后履行相应的义务。

如果没有闪电降下，我们的工作也不必耽搁。一些追逐风暴的人认为，灵感先于创造。事实并非总是如此。没有闪电的工作也是工作。就像木匠一样，我们每天到岗做事。雕塑家揉捏黏土，扫地擦地，然后锁门下班。平面设计师坐在工作台前，选择图片和字体，创建图层，然后点击"保存"。

艺术家说到底也是工匠。我们的创意有时来自闪电，有时则来自努力、试验和技艺。在我们日复一日的平常工作里，我们也可能会注意到元素间的各种联系，为我们的工作显现的美好感到惊讶。在某种程度上，这些小小的"啊哈！"时刻也是闪电。虽然不那么明亮，但它们仍然照亮了我们的道路。

⊙

闪电可能只是暂时的现象，是宇宙潜能的瞬间表达。并不是每个灵感都注定成就伟大的艺术作品。有时，闪电来临，我们却无用武之地。瞬间的灵感可能激发了我们漫长的探索，我们想发现它的实用形式，但最终却走进了死胡同。

要想知道闪电能否成就艺术，就只能全身心地投入工作。没有勤奋，仅凭灵感很少能做出有分量的作品。在某些项目中，灵感可能微乎其微，基本全靠努力。而在另一些项目中，灵感来了，我们却没能付出足够发掘其潜能的努力。

创作伟大的艺术不必然要求巨大的努力，但不努力，你永远不会知道答案。如果灵感召唤，我们就应该乘风破浪，直到能量耗尽。

追逐的过程或长或短。但无论如何，我们感激这次机会。如果没有灵感的引导，我们也还是会继续工作。

毫无保留地投入，
做你能做的一切，
无关其他。

24/7
（置身其中）

⊙

艺术家的工作永远不会真正完成。

对许多职业来说，下班回家时，可以把工作留在办公室。艺术家总是随叫随到。即使我们忙完手头的工作起身回家，创作的时钟仍在运转。

这是因为艺术家的事业有两种构成：以做事为业；以存在为业。

创作不只是你做的事，也是你的本性。它是你每时每刻在世界中穿梭行走的方式。如果你没有彻底的奉献精神，那么这条路可能并不适合你。艺术家的诸多工作都是关于平衡的，然而艺术创作作为人的一种活法，本身毫无平衡可言，这真是一种讽刺。

一旦你接受过一种创造性的生活，它就会成为你的一部分。即使是在一个项目进行时，你每天也会寻找全新的创意。在任何时刻，你都准备停下手头的工作，做个笔记、画张画，或者捕捉一个稍纵即逝的想法。这已经成为你的第二天性。我们无时无刻不置身其中。

置身其中意味着对周围事物一直保持开放。注意聆听。寻找外部世界的各种连接和关系。寻找美。寻找故事。注意你觉得有趣的东西，让你神往的东西。你知道，等你再次坐下来工作的时候，这些都是可以利用的，那些散乱的原始数据会逐渐成形。

没人知道下一个好故事、好的绘画作品、好菜谱或好的商业创意会从哪里来。就像海浪不受冲浪者的控制一样，艺术家依靠的只是大自然创造性韵律的恩典。这就是为什么时刻保持觉察和在场是如此重要。保持观察，保持等待。

也许最好的主意,
就是你将在今晚
想出来的那一个。

自发性
（特殊时刻）

⊙

在我脑海中已经完全成形的歌。

杰克逊·波洛克[1]恣意的曲线。

舞池里即兴的舞步。

艺术家可能会推崇自发性的作品，认为下笔如有神的作品比精雕细琢的作品具有更高的纯度或更大的特殊性。

但是，你能分辨出直觉性的艺术和深思熟虑的艺术之间的区别吗？这种区别又有什么意义呢？

妙手偶得的艺术，与靠汗水和挣扎创作出来的艺术之间，并无分量轻重之分。

创作花了几个月还是几分钟并不重要。质量并不靠投入的时间衡量。只要呈现出来的东西让我们满意，我们的工作就达到了目的。

自发性的故事可能具有误导性。我们看不到艺术家达到自发创作的高峰背后所铺垫的练习和准备。每件作品都包含了艺术家一生的经验。

伟大的艺术家常常为了让自己的作品看起来毫不费力而付出很多努力。有时，他们可能会花费数年时间精心雕琢，使作品看起来像是在一天或一瞬间完成的。

还有一些人反其道而行之，浪漫化了作品背后的计划和准备。对他们来说，自发创作的作品品级稍逊。因为这种东西更像是艺术家幸运的产物，而非真才实学。

对这件事采取中立态度比较好。只管工作，看结果如何。如果你喜欢某个结果，就欣然接受它，无论它是突然出现的，还是通过长时间的艰苦劳动和炉火纯青的技艺才实现的。

对于一些艺术家来说，创作轻而易举。鲍勃·迪伦几分钟就能写出一首歌，而莱昂纳德·科恩有时却要花费数年时间。我们可能对二者的歌同样喜欢。

这个神秘的过程没有模式或逻辑可言。不是所有的项目都一样，也不是随便两个人都一样。我们遵循项目的指引。每个项目都有自己的条件和要求。

⊙

如果你作为艺术家主要依靠智力的运用，那么将自发性作为一种工具、一扇发现之窗和一个发掘更多自我的切口，可能会让你受益匪浅。

对任何特定创作过程产生情感依附，都会封住自发性的大门。打开这扇门总是有好处的，哪怕只是一小会儿。我们可以做一次认输的试验，允许意外发现的发生。

如果你没有任何准备或先入为主的想法，直接坐下来写作，你可能会绕过意识，从无意识中汲取灵感。你可能会发现，从中涌现的东西蕴含着一种无法用理性手段复制的力量。

这种方法是一些爵士乐的核心。当音乐家即兴演奏一首乐曲时，先入为主的想法会阻碍演奏的自由变化。我们的目标是置身其中，类似于让音乐自己演奏自己，其中的风险我们接受。有时候结果很精彩，也有时候结果很糟糕。也许最好的爵士乐手就好在他们有能力持续创造这样的特别时刻。即使是自发性，也会随着练习变得更好。

你可能会担心，一时兴起的情况里，不是所有好想法都能被记住。为了防止这种情况出现，当我跟人合作时，我会做大量的笔记。当外界的观察者走进工作室时，他们往往无法相信这个创作过程看起来如此规范。他们会想象这是一场盛大的音乐派对。但我们一直在详细记录哪里是关键，哪里需要试验。几乎每说一句话，都会有人写下来。两周过去，就会开始有人提出这样的问题："我们喜欢的那句歌词是什么来着？这个元素在上一个版本里是什么样的？进入第二段副歌之前的位置，哪次加花加得最好？"我们就会查看笔记。

大量的素材不断产生，我们此时特别专注，不可能记住所有的事情，即使是几秒钟前发生的事情。当我们唱到歌曲结束时，我正全神贯注地聆听，刚才那些想法已经消失了。由一个有心的观察者忠实地记录下来，有助于防止这些闪现的灵光在激动的情绪中消失。

---

1 杰克逊·波洛克（Jackson Pollock，1912—1956），美国画家。——译者注

有时，
非凡的艺术作品
产生于最平凡的时刻。

如何选择

⊙

每件艺术作品都由一系列选择组成，就像一棵树有许多枝杈。

我们的工作始于一粒种子，它生长出核心想法的主干。随着它的生长，我们所做的每一个决定都会朝新的方向长出一个分支，随着我们离主干越来越远，细节也会越来越精细。

在每个分岔处，我们都可以选择任何方向，这个选择会作用于最终结果。通常影响会很大。

我们如何决定选哪个方向？我们如何知道，选哪一个，才能引导我们做出最佳版本？

答案在于一个普遍的关系原则。只有在一个事物与其他事物存在关系时，它才具备一个位置。同样地，我们只有在有别的东西与之比较和对照的情况下，才能评估眼前的对象或方针。否则，它就成了一个无从评估的、绝对的东西。

我们可以利用这一原则，通过 A/B 测试来改进我们的创作。在没有另一个参考点的情况下，很难检验一件作品或一个选择。但如果把两个选择并排放在一起，直接比较，孰优孰劣就一目了然。

我们尽可能将每次测试的选项限制在两个。选项一多，就会导致含混不清，选择困难。烹饪一道菜肴，我们可能会先品尝同一食材的两个不同品种，再决定使用哪一种。又如朗读同一段独白的两个演员，一种颜色的两个色调，或者同一套公寓的两种不同的设计图。

我们把两个选项放在一起，退后一步，直接比较。通常情况下，我们会明显倾向于其中一个。

如果没有，我们就静下心来，看看哪个选项有微妙的吸引力。在身体的自然反馈里，我们选择有微妙的狂喜暗示的那一个。

A/B 测试尽可能以盲测方式进行。尽量隐藏每个选项的细节，以消除任何有损公平的偏见。例如，有些音乐家偏爱模拟录音或数字录音。不妨同时使用这两种录音方法，然后设计一个方式，在没有任何提示的情况下聆听每一种方法。有时，艺术家们会对自己的偏好感到惊讶。

如果你在 A/B 测试中陷入僵局，可以考虑掷硬币决定。定好哪个选项是正面，哪个是反面，然后掷硬币。当硬币在空中旋转时，你心里可能已经有一个胜出的选项，你希望结果是它。你心里支持的，就是你的选择。这是内心的愿望。在硬币落地之前，测试就已经结束了。

在测试时，不要对标准的选择过于理性化。你要寻找的是第一直觉，即在任何思考之前的膝跳反射。第一念是本能的，往往是最纯粹的，而第二念往后都是更具分析式的想法，经过了加工和扭曲。

这样做的目的是关闭意识，追随我们的冲动。儿童在这方面特别擅长。他们可能会在一分钟内经历几种不同的自发情绪表达，不受自我评判或者情感依附的干扰。随着年龄的增长，我们学会了隐藏或处理掉这些表达。这抑制了我们内在的敏感性。

如果我们只学会一点，那就是，要摆脱任何阻碍我们按照本性行动的信念、包袱或教条。我们的自我表达越接近孩童般的无拘无束，我们的测试就越纯粹，我们的艺术也就越好。

⊙

一旦作品完成，再多的测试也不能保证我们做出来的是总体最好的版本。具体的好坏无法全放在一起衡量。我们只把测试用于从眼前的选项中做决定的微观过程。

无论你走哪条路线，你只要走完这段旅程，就会到达同一个终点。这个终点，就是我们充满活力地想要分享的作品。站在终点往回看，我们会惊奇地发现，如此美好的东西，竟然出自我们之手。

深浅和程度

⊙

在艺术创作中,比例可能具有欺骗性。

两粒灵感的种子看似毫无区别,但一粒硕果累累,另一粒却几乎一无所获。开始于闪电的作品,做出来可能达不到最初的宏伟想象,而不起眼的小火花却可能成长为史诗级的杰作。

在制作过程中,我们投入的时间和得到的结果很少是平衡的。大动作可能一步就到位,小细节可能耗费数天之久。而且,我们无法预知两者在成品里的作用有多大。

创作过程的另一个令人惊讶的方面是,最微小的细节也能清晰地定义一件作品。一个细节就能决定一件作品是刺激的还是慵懒的，是完成了还是未完成。我们在画布上轻轻一点，在混音里微调一个参数——作品就会突然从半成品变得完整。当它发生时，简直如同奇迹。

让一部作品成为佳作的，归根结底是无数最微小细节的叠加。从开始到结束，每个点都有深浅和程度之分。固定的尺度没有参考价值，因为有时最微小元素的分量反而最重。

当作品有 5 个错误时,
它还是半成品。
当错误多到 8 个时,
可能大功告成。

结果
（目的）

⊙

　　有时候你可能会琢磨：我为什么要这么做？这一切都是为了什么？

　　对有些人来说，这样的问题很早就会开始频繁出现。而另一些人似乎一辈子都不会被这种问题困扰。也许他们知道，创作者和解读者从来都是两个人，即使他们的肉身是同一个人。

　　说到底，这些问题并不重要。我们并不一定要受到某种目标或使命的引导才能创作。仔细想想就不难发现，这种宏大的想法一点儿用也没有。它就好像在说，我们知道了一些我们能知道的范畴以外的东西。

  我们不需要知道自己为什么喜欢自己的创作。有时原因显而易见，有时则不然。随着时间的推移，原因也会有不同的解读。有无数个原因可以解释它为什么好。只要我们在做自己喜欢的东西，我们的使命就完成了。并没有什么需要弄清楚的。

告诉自己：
我只是来创作的。

自由

⊙

艺术家有社会责任吗？

有些人抱有这个看法，希望鼓励艺术家进行相应的创作。

持这种观点的人可能并不清楚艺术在社会中的功能，和它不可或缺的社会价值。

艺术作品实现上述目标，与创作者的社会责任感无关。想要改变人们对某一问题的看法或对社会产生影响，可能会影响作品的质量和纯洁性。

这并不意味着我们的作品注定无法具备这些特质，但我们一般不会通过计划来实现这些特质。在艺术创作里，要完成一个目标，瞄准它只会导致更难命中。

事先决定表达什么并不能让最好的东西出现。一旦灵感得到贯彻，自然会有意义赋予之。

最好等到作品完成后，再去发现它在表达什么。用意义来束缚作品是一种限制。

想要大张旗鼓地宣扬某种信息的作品往往很难和受众建立连接，而本来无意解决社会弊病的作品反而可能成为革命事业的战歌。

艺术的力量远远超过我们对它的计划。

⊙

艺术不可能不负责任。它涉及人类经验的方方面面。

社会中的交往需要礼貌，我们总有些方面是不受欢迎的，我们有些思想和感受可能过于阴暗，无法与人分享。当这些东西在艺术中得到抒发时，我们就不再感到那么孤独。

更真实，更人性。

这就是创作艺术和欣赏艺术的治愈力量。

艺术是超越评判的。它要么能打动你，要么不能。

艺术家唯一的责任就是对作品本身负责。没有别的。你的创作是自由的。

你不必捍卫你的作品，你的作品也不必代表任何东西，它只代表它本身。你不是它的象征。它也不一定非得是你的象征。别人不需要真的了解你，就能基于自己的所思所感自行阐释和重新阐释你的作品。

如果说你有什么需要捍卫的东西，那就是创作自主权。这不仅是为了抵御外界的审查，也是为了抵御你头脑中的那些内化了各种社会规范而形成的，关于作品应该如何、不应该如何的声音。一个社会有多自由，取决于它给予艺术家多大的自由。

我们说什么，
我们唱什么，
我们画什么，
我们可以选择。

除了艺术本身，
我们没有别的责任。
艺术是最终的解释。

饱受折磨的人

⊙

在电影和小说里,艺术家往往被描绘成饱受折磨的天才。他们忍饥挨饿,自我毁灭,在疯狂的边缘绽放光彩。

这灌输了一种信念:要想创作艺术,艺术家就得身心破碎。或者说,艺术的力量如此强大,以至于会击垮它的创作者。

这两种归纳都是误解,而且会让潜在的艺术家变得很沮丧。有些创作者可能生活在深深的黑暗之中。另一些人则从容不迫,充满活力。二者之间蕴藏着艺术气质的光谱。

对于那些受到艺术召唤的人来说,如果他们确实在自己难以承受的敏感性之中挣扎着,那么创作过程就有疗愈作用。它提供了一种深刻的连接感。他们可以在一个安全的地方表达出无法言说的东西,袒露自己的灵魂。在这种情况下,艺术虽然不会解开创作者的心结,却会使他们变得完整。

尽管饱受折磨的艺术家更多只是活在神话而非现实中的角色,但这并不意味着艺术来得轻巧。艺术需要对创造伟大事物的执着追求。这种追求并不一定是痛苦的。它可以是活力充沛的。这取决于你自己。

无论你是激情四射还是饱受折磨,都不会导致你的艺术更好或更差。如果你能在这两条道路中做选择,请尽量选择更可持续的那一条。只要一个人在自我表达,他就是艺术家。他可以按照自己的方式、自己的节奏工作,怎么都行。

适合你的方法
（相信）

⊙

有一位作曲家，她所有的音乐都是在一栋旧办公楼的一个凌乱的房间里写就的。这间屋子已经30年没有人动过了，她不让人打扫。她说，她的秘密就在那个房间里。

她相信这一点，而且这对她很有效。

查尔斯·狄更斯随身携带指南针，以确保自己总是面朝北方入睡。他相信，与地球的电流保持一致，有利于维持他的创造力。苏斯博士[1]的书柜里有一个假门，里面藏着数百顶奇怪的帽子。他和他的编辑会各挑一顶戴上，然后互相凝视，直到灵感迸发。

这些故事可能是真的，也可能是虚构的。这并不重要。如果某种仪式或迷信对艺术家的创作有积极作用，那么它就值得。

艺术家们以各种可能的方式进行创作——有人极端守序，有人极端混乱，有人尝试各种不同方法的组合。没有绝对正确的时间、策略或者装备。

从经验更丰富的艺术家那里获得建议可能会有所帮助，但请仅当成参考信息，不要当成处方。它也许可以帮你打开另一个视角，拓宽可能性。

成熟的艺术家通常会从他们的个人经验出发，推荐适合他们自己的解决方案。这些往往和他们的经历有关，而不是你的。记住，他们的方法不是万能的。

你的道路是独一无二的，只有你自己才能走。通往伟大艺术的道路不止一条。

这并不是说要忽视他人的智慧。智慧可以巧妙地接收。"试穿"一下，看看是否合身。吸收有用的部分，放弃其他的。无论他人的建议多么诚实可信，你都要在自己身上测试、调谐，从而发现怎么做对自己确实有用。

唯一重要的实践方式，就是你能够坚持下去的那一种，而不是从其他艺术家那里听来的各种。找到对你而言有利于产出的方法，多加运用，直到它变得没有效果了，就放弃它。艺术创作不存在错误的方法。

---

1 西奥多·苏斯·盖泽尔（Theodor Seuss Geisel，1904—1991），常被称为苏斯博士（Dr. Seuss），美国作家、漫画家。——译者注

适应

⊙

当我们练习时，会发生一些奇特的事情。

例如，我们正在学习一首曲子，我们会反复演奏。它变简单了一些，又变难了一些，再变简单了一些。然后我们停下来，一两天后再回来弹，突然间，我们弹奏起来就自然多了。我们的手指好像更灵活了。一个本来难解的结，自己把自己解开了。

这种现象不同于大多数形式的学习。它不是阅读和记忆信息。它比这更神秘。一天早晨醒来，你被带到了一个新的现实里；在这里，你突然拥有了比前一晚睡觉之前更好的技能。你的身体发生了变化，适应了这个任务，并开始胜任这个任务。

练习能让我们达到部分目标。然后，练习需要一段被身体吸收的时间。我们可以称之为恢复阶段。在举重运动里，练习会分解肌肉，而在恢复阶段，肌肉会恢复到比以前更强壮的程度。练习中的被动因素与主动因素同样重要。

普遍认为，要想在艺术造诣上出类拔萃，就必须孜孜不倦地工作。这是事实。但这只是其中的一半。休息一下，暂时离开，稍后再回来，也会有好的效果。无论是在练习乐器时，还是在持续一生的创作生涯里，适时的恢复都会带来更大的飞跃。

这种练习和适应的循环能带来各种层面的成长。你正在培养注意力和专注力，训练大脑更有效地学习，而且学得更轻松。

因此，其他技能也会得到提升。自学钢琴很可能会提高你的听音能力。你的数学也可能会变好。

⊙

这个适应过程的作用，比你以为的还大。它的作用超越学习本身。这是宇宙通过我们显形的一个方面。一种生命意志。

一个想法积聚着能量，积攒势能，渴望关注。我们可以听到它、看到它、想象它，但可能暂时差那么一点儿，够不到它。当我们一次又一次地回来找它的时候，我们的专注力会把握住越来越多的细节，让我们能够完全沉醉其中。

我们在不断增强和延伸自己的能力，就是为了能触及源泉所提供的东西。我们怀着感激之情接受这份责任，珍惜它，保护它。我们谦卑地承认，它来自我们之外。它比我们更重要。它的出现不仅仅是为了我们。我们在为它服务。

这就是我们在这里的原因。这是人类进化的动力。为了接收信号，我们适应、成长。这是我们人类，乃至所有生命体与生俱来的能力，让我们在瞬息万变的世界中得以生存和发展。我们在创造力的循环里，扮演命中注定的角色，为宇宙更新、更复杂的形态和现象的诞生贡献力量。只要我们选择参与其中。

翻 译

⊙

  艺术是一次解码。我们从源泉接收智慧，然后用我们选定的制作形式解读它。

  不同领域的表达，都有各自的流利程度。我们的技能水平会影响我们选择最贴切的修辞进行翻译的能力，就像词汇量会影响沟通一样。

  这不是直接的正相关，而是一种流动的关系。在学习一门新语言时，你能提出一个问题，说出一些背得滚瓜烂熟的金句，或者无意间说出一些幽默的话。与此同时，你可能会觉得自己不具备分享更大的想法、更细微的感受的能力，也无法表达完整的自己。

我们越发展、扩展、磨砺我们的技能，就会变得越流利。我们可以在创作过程中体验到更大的自由，减少乏味的千篇一律，并极大提高在物质世界中完整地落实想法的能力。

为了作品，也为了我们自己享受这个过程，不断地磨炼技艺很有价值。每一位艺术家，在创作的每一个阶段，都可以通过实践、学习和研究变得更好。艺术的才华学习和发展是大头，天赋只是一小部分。永远有进步空间。

阿恩·安德森[1]曾说："我既是教授又是学生，因为如果你不再是学生，你就没有资格再自称教授。"

如果你觉得自己有一个音符弹不好，或者不能写实地描绘一个画面，记住这一点会很有帮助：挑战不是你做不到的，而是你尚未实现的。考虑问题时不要想什么不可能。如果某个项目需要某种技能或知识，你可以做做功课，逐步接近它。什么事情都可以训练。

虽然这个框架可以拓宽你的能力，但并不能保证你成为一名杰出的艺术家。职业吉他手可以演奏最复杂的独奏乐段，虽然技术上令人赞叹，但不一定能与人产生情感上的连接；业余爱好者只是演奏一首简单的3个和弦的歌，却可能让人感动到落泪。

同时，不必害怕学习太多理论知识。它不会破坏你表达的纯粹性，只要你不让它破坏就行。掌握知识不会伤害创作，如何运用知识倒是可能。工具不怕多。你可以不使用它们。

学习能开辟更多途径，帮助你更可靠地传达你的想法。从丰富的菜单里，我们仍然可以选择最简单、最优雅的选项。在知名画家里，巴尼特·纽曼[2]、皮特·蒙德里安[3]和约瑟夫·艾伯斯[4]等很多人都受过古典训练，然后他们依然选择在职业生涯中探索简单的、单色的几何形状。

将技艺视为你体内的一种能量。它和其他活跃的事物一样，也是进化循环的一部分。它想要成长，想要绽放。

磨炼技艺等于尊重创造。能否成为自己领域的佼佼者并不重要。通过练习不断提升，就是你履行自己在这颗星球上的终极使命的过程。

---

[1] 阿恩·安德森（Arn Anderson），本名马丁·安东尼·伦德（Martin Anthony Lunde），生于1958年，美式摔跤运动员、作家。——译者注
[2] 巴尼特·纽曼（Barnett Newman，1905—1970），美国艺术家。——译者注
[3] 皮特·蒙德里安（Pieter Cornelis Mondriaan，1872—1944），常用名 Piet Mondrian，荷兰画家、艺术理论家。——译者注
[4] 约瑟夫·艾伯斯（Josef Albers，1888—1976），德裔美国艺术家、教育家。——译者注

一笔勾销

⊙

在花费数千个小时创作一件作品之后,很难从一个中立的角度评判它。别人第一次体验这件作品,可能只需两分钟,就比你看得更清楚。

久而久之,几乎每位艺术家都会发现自己跟自己所创作的作品离得太近。在无休止地耕耘同一件作品之后,会失去感觉、变得盲目。怀疑和迷茫悄然来袭。判断力下降。

如果我们训练自己从工作中抽身,真正脱离工作,把注意力完全转移到别处,全身心地投入另一件事情……

在离开足够长的一段时间后，回来时，我们也许就能像第一次一样看待它。

这就是一笔勾销的实践：以初次观赏的身份体验自己的作品，丢掉过去的包袱，丢掉你先前以为自己想让作品成为的样子，再继续创作。我们的任务是在当下与作品同在。

有一个一笔勾销的具体例子。录音过程的最后阶段是混音。在这一阶段，录音师要平衡不同乐器的音量，为这些音乐素材调整到最好的呈现方式。

听混音的时候，我会记一份清单。也许是桥段中的人声不够响亮。或者进最后一遍副歌之前的鼓加花应该更靠前。再或者，我们可能需要在前奏中避开某件乐器，好为另一个元素腾出空间。

通常的做法是进行修改，在清单上逐个打钩，然后看着清单再听一遍。"好，桥段中的人声是否按我的要求变大了？是，打钩。过渡部分的鼓声是否靠前了？是，打钩。"

你在一个一个的局部里作业。有选择地把注意力放在改动处，而不是在整体上听这首歌，看看它是否确实比之前更好。

我的自尊心这时候会说：我希望这样改，我得到了我想要的，所以问题解决了。

但事实未必如此。是的，是做出了改变，但这些改变改进了作品吗？还是引发了多米诺骨牌效应，造成了其他问题？

在这个阶段，作品的每个元素都是相互依赖的。因此，哪怕是一个小小的改动，都可能带来意想不到的后果。当混音按照清单修改完毕时，你可能会错误地以为已经取得了进展。

这里的诀窍是，如果情况允许，将清单交给其他人执行，然后自己再也不参考那份清单。在播放修改后的混音时，就像第一次听到这首歌一样，从头开始写新的笔记。这样通常能帮助你听到歌曲的真实面貌，并引导你取得进步，以达到最好的版本。

一笔勾销的方法之一，就是避免频繁查看作品。如果你完成了一个部分，或遇到了一个卡壳的地方，可以考虑把项目放一放，一段时间内不要再接触它。让它静置一分钟、一周或更长的时间，与此同时，你远离这一切。

冥想是重启身心的重要工具。你还可以尝试高强度的运动、野外探险，或沉浸在与此无关的另一个创造性活动中。

当你带着清晰的视角回来时，你更有可能具备所需的距离感，从而看清项目需要什么、想往何处去。

时间的流逝允许了改变的发生。学习在时间里发生。忘记也在时间里发生。

情 境

⊙

想象一下,一朵花开在广阔的草地上。

现在,把同一朵花插在步枪的枪眼里。或者把它放在墓碑上。注意你在每种情况下的感受。意义变了。在新的环境中,同样的物品可以产生截然不同的意义。

情境改变内容。

在创作时,考虑这一原则的含义。如果你在画一幅肖像画,背景是情境的一部分。改变背景会对前景产生新的影响。昏暗的环境与明亮的环境所传递的信息不同。密集的环境与稀疏的环境给人的感觉也不同。画框、挂画的房间、旁边的艺术品。所有元素都会影响作品的观感。

有些艺术家选择彻底控制这些因素。另一些人是随缘就好。还有一些艺术家的创作完全依赖于情境。比如安迪·沃霍尔的《布里洛盒子》[1]。在杂货店里，这些盒子是厨房用品的一次性包装。而在博物馆里，它们则是令人着迷和好奇的稀有物品。

在给歌曲排序时，让一首安静的歌曲挨着激昂的歌曲，会影响听众对这两首歌曲的听感。在安静的歌曲之后，激昂的歌曲显得更有冲击力。

据说，有一位音乐家会把自己的最新曲目与自己最受人喜爱的曲目一起放在播放列表中，看看自己的作品在这样的情境下是否站得住脚。如果不行，他就会把它放在一边，继续努力。

艺术的另一个情境，是它发生时所处的时间和地点的社会规范。同样的两个人的感情故事可以发生在底特律、巴厘岛、古罗马或其他的时空。在每一种情况下，故事都具备新的意义。

作品的发行年份不同，其意义可能也会不同。时事、文化潮流、同期发行的其他作品都会影响公众对项目的感受。时间是另一种形式的情境。

当作品没有达到你的期望时，可以考虑改变情境试一试。先不管主要元素，审视其周围的变量。尝试不同的组合。把它和其他作品放在一起。给自己制造一些意外情况。

以下是常见的几种选项：

轻柔-响亮

快-慢

高-低

近-远

明-暗

大-小

弯曲-笔直

粗糙-光滑

之前-之后

内部-外部

相同-不同

新的情境可能会让作品变得比你预想的更有力量。你以为只是改变一个无关紧要的元素，却抵达远超想象的新境界。

1《布里洛盒子》是安迪·沃霍尔在 20 世纪 60 年代创作的一件作品，是对布里洛牌肥皂的包装盒这个日常物品的复制。——译者注

（过程中的）
能量

⊙

    是什么促使我们如此勤奋？是什么促使我们先完成这个，而不是那个？

    我们倾向于认为，是热情，是激烈的自我表达时内心涌动的情感在驱动。

    这种能量不是由我们产生的。相反，是我们被它俘虏。我们在创作过程中遇见了充满电荷的它。那是一种具有感染力的生机，牵引着我们前进。

    如果一件作品有成为杰作的可能性，它往往感觉像是带了电，就像雷暴前夕的静电似的。创作者沉迷其中,无论在清醒时还是睡梦中都被它占据。有时,它甚至会成为艺术家活下去的理由。

这种能量,感觉上和另一种创造性的力量很相似:爱。

一种超出理性的引力。

在项目初期,兴奋感是内心的电压表,我们选择培育哪一粒种子就靠它。如果在你接触一粒种子时,指针会跳,这就表明这项工作值得你关注和投入,因为它有潜力能让你持续兴奋,让你的付出不白费。

在试验和制作的过程中,你做出的决定越来越多,又会释放更多的能量。你会发现自己忘记了时间,忘记了吃饭,仿佛和外面的世界脱钩了。

要是没有这种能量,工作就成了磨炼。时间一分一秒地过去,你在心里倒计时,直到工作完成,像一个在牢房墙壁上刻"正"字的囚犯。

请记住,这种能量并不总能为你所用。有时,你转错一个弯,能量就不见了。或者你沉浸在细节中,忘记了大局。即使是在做最好的作品的过程里,兴奋感起起伏伏也是正常的。

如果经历了激动人心的一天之后,很长一段时间都感到平淡,那么可能之前的那次体验并不能说明什么。如果那种喜悦的心情已经消失了太久,感觉工作好像只是对过去的想法尽的义务而已,这可能意味着你已经走得太远，或者这粒种子还没有准备好发芽。

如果能量消耗殆尽，要么后退几步，重新汲取能量，要么寻找另一粒让你兴奋的种子。艺术家需要掌握的技能之一，就是在这种情况发生时，能够认识到这一点：自己和自己的创作之间，已经没有可以相互激发的东西了。

一切有生命力的事物都是相互连接、相互依存的。艺术作品也不例外。它让你激动，支配你的注意力，而你的注意力正是它成长所需要的。这是一种和谐的、相互依存的关系。创作者和作品彼此依靠，共同成长。

艺术家的使命就是追随这种兴奋感。哪里有兴奋感，哪里就有能量。哪里有能量，哪里就有光明。

最好的作品
就是你为之兴奋的那个。

结束，为了新的开始
（再生）

⊙

卡尔·荣格痴迷于建造一座圆塔，在其中生活、思考和创作。形状之所以重要，是因为在他看来，"生命投射为圆形，永远在诞生着、传递着"。

我们是出生、死亡、再生的循环的一部分。在这个恒久的循环里，我们是相互连接的。我们的身体腐烂，入土，滋养新的生命；我们思想的能量回归宇宙，以新的形态发挥作用。

艺术也存在于这种死亡与重生的循环之中。我们参与循环的方式，就是完成一个项目，好开启下一个。就像生活一样，每一个结束都会带来一个新的开始。我们如果为了一件作品耗尽自己，以至于认为它就是我们一生的使命，就没有发展的空间留给下一件作品了。

艺术家追求卓越，但同时也追求前进。为了下一个项目着想，我们要完成当前的项目。为了当前的项目着想，我们也得完成它，才能让它自由地进入世界。

分享艺术是创作艺术需要支付的价格。而暴露自己脆弱的一面，是这笔交易产生的费用。

经由这个过程，我们实现了再生，并且在心里为自己的下一个项目找到新鲜感。接下来的所有项目同理。

每一位艺术家都会创造一段生动的历史。一座鲜活的博物馆，里面摆着完成的作品。一件又一件。开始，完成，发布。开始，完成，发布。一遍又一遍。每一件作品都是时间的印记，用来纪念一段时光。一个充满能量的瞬间凝固在艺术作品中，从现在到永远。

艺术作品本身并不是终点。
它是旅途中的一站。
我们生命中的一个篇章。
我们通过记录
认可这些中转。

玩耍

⊙

艺术创作是一件严肃的事。
从源泉收集创造性的能量。
引导想法进入物质层面。
参与宇宙创造的循环。
反之亦然。艺术创作是纯粹的玩耍。

每个艺术家的内心深处都有一个小孩,他把一盒蜡笔倒在地板上,寻找合适的颜色画天空。它可能是紫色、橄榄色或焦橙色的。

作为艺术家，我们努力在创作过程中保护这种游戏性。我们既拥抱创作的严肃性，也拥抱这个过程中完全自由的游戏性。

严肃地对待艺术，但不采用严肃的方式。

严肃给作品增加了负担。它忽略了人性里爱玩的一面。身处世界的游乐场，我们跑跑跳跳，兴高采烈。一种为了快乐而快乐的纯粹和轻盈。

玩耍，没有代价。没有界限。没有对错。没有产量要求。玩是一种无拘无束的状态，任精神自由驰骋。

在这种放松的状态下，容易产生最好的想法。

过早地把作品看得很重，会调动我们的谨慎心理。我们应该反其道而行之，挣脱现实的枷锁，避免一切形式的束缚。

放手试验。制造混乱。拥抱随机性。当玩耍结束时，我们作为成年人的那一面可能会开始分析：作为小孩的我今天做了什么？让我看看有没有什么有趣的东西，它们又可能蕴含什么意义。

每一天，我们都在开工、建造、拆解、试验、制造意外。如果一个4岁小孩对一件事没了兴趣，他不会继续努力完成它，也不会强迫自己在其中挖掘乐趣。他会直接开始做另一件事。另一种玩耍形式。

工作中往往有些部分枯燥乏味。这时候，你能否重新找回创作伊始的精气神？

有一次，我们和一位艺术家在录音室里制作一首快歌。我们决定试试只用原声乐器，这个尝试导致我们又添加了一轨重叠录音，听起来很有趣。然后，我们把这个音轨以外的所有声音都调成静音，单独听它，这又把我们引到了一个全新的方向。每一次不同的迭代都会产生一个新的版本，没有一个版本是计划好的，也没有一个版本跟任何一个预设想法有关。

最后，一首漂亮的录音作品问世，它与歌曲最初的构想完全不同。它能出现，完全是因为我们允许已有的东西指向另一个新的可能。这条路走得通，与其说是遵循计划的结果，不如说是盲目前行的成果。

这种情况每天都可能发生。找到线索，顺藤摸瓜，不拘泥于之前的东西。不要因为 5 分钟前的决定束手束脚。

回想一下，当你还是新手的时候，你的技艺还比较稚嫩，什么技巧都是新颖的，什么花样都是新鲜的。记住你学到新东西的兴奋，记住你迈出第一步的喜悦。

这也许就是保持工作的动力，并一次又一次爱上创作过程的最佳方式。

无论是轻松玩耍,

还是艰难挣扎,

都不影响成果的品质。

艺术习惯
（僧伽）

⊙

如果你想让作品成为你的生活支柱，那你可能要求得太多了。创作，是我们为艺术服务，而不是从艺术中获得。

你可能渴望成功，摆脱不尽如人意的工作，做自己喜欢的事来养活自己。这是一个合理的目标。但是，如果要在创作伟大艺术和养活自己之间做选择，艺术是第一位的。找一找别的谋生手段。如果你的生活依赖于成功，你就更难成功。

对大多数人来说，艺术作为职业道路太不稳定。经济回报往往是一波一波的，甚至有时候根本没有回报。有些艺术家在创作上有自己的愿景，但因为估计赚不到什么钱，所以束手束脚。你可以通过做一份别的工作来支持自己的艺术习惯。而且这样更容易保护你创作的纯粹性。

有些工作占用你很多时间，但在其他方面没什么要求。选择一份这样的工作，给你留出精神空间用于拓宽视野，发展自己对世界的创造性理解，这样你就能保护你的艺术。

任何跟你喜欢的东西毫不相干的工作，都可能成为创作素材的来源。好创意往往源自意想不到的地方。许多令人难忘的歌曲，都是不喜欢自己的工作的人写出来的。

另一种选择是在自己热爱的领域谋生。可以是画廊、书店、录音棚或片场。如果没有合适的全职机会，可以问问能否在业余时间去兼职或者实习。

选择与你热爱的事业为伴，能让你一窥这门手艺的幕后。你可以观察职业创作者的日常生活，从内部了解这个行业及其基础设施。实地体验了它的运作方式，你就会知道这条路是否值得你去闯闯。

即使这意味着开始的一段时间挣得更少，但选择这类工作可能会在日后带来意想不到的机会。

你也可以从事与艺术无关的职业，既能获得安全感，又能将艺术作为爱好——生命中最重要的爱好。这些道路没有好坏之分。

⊙

    无论你选择什么，身边有人同行都会很有帮助。他们不一定要和你一样，只要在某些方面志同道合即可。创造力是会传染的。和其他爱好艺术的人接触时，我们会吸收和交换彼此的思维方式、看待世界的方式。这个群体可以被称为僧伽。在这种关系中，每个人都开始具备不同于自己的、富有想象力的眼光。

    无所谓别人的艺术形式与你的相同与否。与一群对艺术充满热情的人在一起，你可以与他们进行长时间的讨论，也可以交换对作品的反馈意见，这对你的创作有滋养作用。

    成为艺术团体的一分子，是人生的一大乐趣。

自我的棱镜

⊙

定义真正的自我并不那么简单,甚至是不可能的。

自我总是不断地变化,有很多不同的版本共存着。"做自己"的建议可能因为过于笼统,没有什么用处。有作为艺术家的自我,有与家人在一起的自我,有上班的自我,有与朋友相处的自我,有危急时刻的或平静时刻的自我,也有只为自己而存在的自我。

除了这些环境变化所产生的不同的自我,我们的内心也一直在变化着。我们的情绪、我们的能量水平、我们给自己讲的故事、我们之前的经历、挨饿了或者受累了:所有变化因素,每时每刻,都在产生新的存在方式。

我们一直在变化，这取决于我们和谁在一起、我们在哪里、安全感如何、面临多大挑战。我们在自我的不同方面之间游走。

可能有一个方面的自我想要更大胆或更具颠覆性，这与更随和、更回避冲突的另一个自我相冲突。我们可能有梦想家的一面，渴望生活在广袤的世界，但这与我们务实的另一面相冲突，务实的自我会质疑我们实现梦想的能力。

这些自我不断地协商着。每当我们调谐到某一个方面的自我时，就会产生某个特定的选择，从而改变我们工作的结果。

在棱镜中，一束光被分解成各种颜色。自我也是一个棱镜。哪怕一个中性事件进入，也会转化为一系列的感受、思想和刺激。所有信息都被这些自我以完全不同的方式消化处理，折射出不同的生命之光，散发不同的艺术色彩。

因此，并非每件作品都能反映我们的全部自我。也许，无论我们如何努力，都不可能做到。相反，我们可以拥抱自我的棱镜，继续允许现实通过我们，并产生独特的折射角度。

就像万花筒一样，我们可以调整内部反光镜的角度，改变结果。我们可以从一个特定的自我出发，比如扮演一个角色，从最黑暗的自我或者纯粹精神性的自我出发进行创作。出来的作品肯定不同，但它们都来自我们自己，都是我们真实的色彩。

我们越是接受自己棱镜式的复杂本性，越能自由地利用不同的色彩，也就越不会质疑自己在创作过程中看似矛盾的直觉。

我们不必知道为什么某件事情是好的，也不必好奇一个决定是否"正确"，或者它是否准确地反映了我们。它只是我们的棱镜在当下自然透出的光。

你施加给自己的
任何框架、方法或标签，
成为一种限制或一次开启的可能性
是等同的。

顺其自然

⊙

首先,不要造成伤害。

这一信条是医生誓言中众所周知的指导原则。我们可以将其视为普世准则。如果受邀参与其他创作者的项目,请据此谨慎行事。

一件作品的早期雏形可能具有非凡的魔力。最重要的是保护它。与他人合作时,要牢记准则。

仅仅是认同项目的长处,也足以构成发展这个项目的推动力。一位朋友给我听他正在做的作品,征求我的意见。在我听来,没有什么需要添加或改变的。我建议，在最后的混音中，跳过平衡各个音轨以及微调音色的常规步骤。遵循标准只会冲淡一件杰作。有时，合作者最有价值的参与就是不参与。

合作

⊙

自我棱镜将某一方面的自我反映在我们的创作中。运用不止一个棱镜,能解锁意想不到的可能性。无论这些视角形成反差还是相互补充,它们都会结合在一起,创造出新的视野。

我们可以称之为"合作"。

与觉察一样,合作也是一种熟能生巧的实践。我们合作的技巧越娴熟,合作过程就越舒适。

合作好比爵士乐团的即兴演奏。几个合作者,每个人都有各自的视角,共同创造一个新的整体,在当下凭直觉做出行动和反应。

你可以主导演出，也可以让别人主导自己，享受意料之外的乐趣。你可以独奏，也可以保持低调，最符合作品需要的就是最好的。

每一次合作，我们都会接触不同的工作方式、解决问题的方式，这些都会成为我们今后创作的借鉴对象。

不要把合作错误地当成竞争。合作不是为了达到自身目的或者为了证明自己是对的而进行的斗争。

竞争为的是自尊和自负。合作为的是最好的结果。

把合作想象成为了翻过高墙而帮人出力或者借别人的力。这种行动里没有权力斗争。你们只是在寻找通往新境界的最佳途径。

衡量每个成员对项目的贡献，是对项目的一种伤害。觉得自己的点子总是最好的，是一种经验不足导致的错误。我们在合作中强调自己的个人风格，要求个人署名，甚至不惜以妨碍艺术为代价，其实是在满足自己的自尊心。这么做的人往往倾向于拒绝那些看似反直觉的新想法，而偏袒那些熟悉的旧想法。

我们不偏不倚，不被自己过去的策略绑架，方能收获最好的结果。只要我们选择最好的点子，无论它出自谁手，我们都会从中受益。

⊙

当我与艺术家合作时，我们会先达成一个协议：我们继续这个过程，直到我们都对作品感到满意为止。这是合作的最终目标。如果一个人喜欢，而另一个人不喜欢，通常是存在一些没注意到的问题。这很可能意味着我们做得还不够，作品还没有发挥出全部潜力。

如果一个合作者喜欢 A 选项，而另一个合作者喜欢 B 选项，那么解决的办法不是选择 A 或 B，而是继续工作，最终开发出一个双方都认为更优的 C 选项。C 可以包含 A、包含 B 或者同时包含 A 和 B，也可以两者都不包含。

如果一个合作者为了前进而妥协，选择了一个不那么受青睐的方案，那对每个人都不好。做出好的决定，不能靠牺牲精神。好的决定是各方共同认可的现有方案里最好的那一个。

如果现有形式对你来说已经够好，你还是可以努力改进它，直到所有人都喜欢它，这对你而言不会有什么损失。你没有在妥协。你只是在和大家共同努力，迭代新的版本。

⊙

创作的过程可能无法让每一个参与者均等地参与。一群才华横溢的艺术家共同创作，完全有可能出于某种原因，他们彼此无法产生共鸣。或者，某个参与者没有秉承合作精神开展工作，造成了竞争性和说服性的沟通基调。

如果你与合作者的意见始终不一致，经过多次反复修改依然没做出什么特别的东西，那么可能是你们不太相配。

如果你与合作者的意见总是一致，这可能是另一种不协调。我们不想找一个想法和我们一样、方法和我们一样，品味也和我们一样的人。如果你和合作者在所有事情上都完全合拍，那么你们可能就没必要都来参与这个项目了。

想象一下，一束光穿过两块完全相同的滤光片。滤光片无论是分开还是合在一起，透出的光线都是同一个颜色。而将两块对比强烈的滤光片重叠在一起，则会产生新的色调。

在许多最伟大的乐队、艺术团体和合作关系中，成员之间一定程度的对立，是成就伟大的配方的一部分。魔力来自不同视角之间的变化的张力，这种张力创作出的作品比单人的声音更独特。

合作的成员之间关系紧张并不罕见，也不一定不健康。摩擦产生火花。只要我们不执着于按自己的方式行事，摩擦就是我们欢迎的。它能带领我们更接近手头作品的最好状态。

有些合作的运转方式更像是独裁而非民主。这种制度也能发挥作用。在这种情况下，每个人都同意齐心协力支持一个人的愿景，竭尽全力去实现它。

无论最终决定是由单个领袖还是通过集体协商做出的，都属于合作行为，只要参与者本着合作的精神，拿出自己最好的创作。

⊙

沟通是合作技巧的核心。

提供反馈时，不要针对个人。一定要对作品本身而不是对创作者本人进行评论。如果参与者认为批评意见是针对自己这个人的，他们往往会拒绝接受。

反馈要尽量具体。拉近角度，讨论你所看到的、感受到的细节。反馈越具体，就越容易被接收。

说"我觉得这两个区域的颜色搭配得不太好"，比说"我不喜欢这些颜色"更有帮助。

虽然你可能已经有了具体的解决方法，但请不要第一时间拿出来分享。接收者可能会自己想出更好的方案。

在接收反馈意见时，我们的任务是把自尊心放在一边，努力充分理解对方提出的批评意见。当一位参与者指出一个可以改进的具体细节时，我们可能会误以为对方在质疑整个作品。我们的自尊心会把协助解读为干扰。

语言是一种不完美的交流手段，记住这一点很重要。一个想法经由文字表述，很容易被扭曲，或者被稀释。这样的语言又会经过我们的滤器进一步失真，变得模糊不清。

要用到耐心和勤奋，才能抵挡自己脑补的故事的干扰，接近对方真正想说的。

接收反馈时，自己重复一遍，是个好办法。你可能会发现，你听到的意思并不是别人说的意思。甚至对方说出来的，都可能不是对方真正的意思。

用提问的方式厘清观点。当合作者耐心解释他们所关注的是作品的哪些方面时，我们可能会意识到我们的目标并不对立。我们只是使用了不同的语言，或者注意到了不同的元素。

当我们分享自己的观察时，具体性可以开辟沟通的空间。它能消解情绪冲动，让我们得以继续为了作品齐心协力。

团体的协同性
和个人的才华
同等重要,
甚至
前者更加重要。

真诚的困境

◉

大多数艺术家都过于看重真诚。

他们努力创作艺术，表达最真实的自己。

然而，真诚是一种难以捉摸的特质。它跟我们的其他目标都不同。如果说伟大是值得我们追求的好目标，那么把目光投向真诚可能会适得其反。我们越是想达到它，它就离我们越远。当一件作品使劲表现真诚时，它可能会被视为做作的糖衣炮弹，反而显得空洞。就像押韵工整但言之无物的贺卡问候语。

在艺术中，真诚只是副产品。它不能成为主要目标。

我们喜欢把自己想象成一以贯之的、理性的人，一直都是这样，一直都不是那样。然而，一个完全一致的人，一个从不自相矛盾的人，看起来并不怎么真实。他像木头人，又好像具有某种塑料质感。

我们自身最真实、最非理性的一面往往藏得很深，艺术创作正是我们触达这些秘密的通路。每件作品都在告诉我们，我们是谁，而观众往往比我们更早了解这一点。

创造是一个探索的过程，探索的是我们内在的隐秘素材。我们并不保证每次都有发现。即使发现了，也未必能理解。一粒种子可能会吸引我们，因为它包含了一些我们无法理解的东西，而这种模糊的吸引力已经到头了，我们无法更进一步。

某些方面的自我，不喜欢被正面接触。它们更喜欢用自己的方式，迂回地到来。我们在不经意的瞬间突然瞥见它们，就像海浪表面的粼粼波光。

这些幻影很难用一般的文字语言加以把握。它们是非凡的、超越世俗的。就像诗歌可以传达散文或对话无法传递的信息一样。

所有艺术都是诗歌。

艺术比思想更底层，比关于你自己的故事更深刻。它打破内在的壁垒,触及背后的真相。

如果我们不加干预地让艺术发挥自身的作用,它可能自然而然地会产生我们想追求的真诚。而真诚的样子,往往与我们的预期完全不同。

如果一件作品能允许观众

透过你的眼睛看世界，

那它就是准确的，

即使看到的信息是错误的，也没关系。

守门人

⊙

无论你的创意来自何方,也无论你的点子是什么样子的,它们最终都要由你的一个特定的自我把关:编辑,或者叫守门人。

无论有多少个自我参与了作品的创作,守门人都是决定作品最终表达的那一个。

编辑的职责是收集和筛选。放大重要的部分,去掉多余的部分。将作品裁剪成最好的版本。

有时候,编辑会发现一些漏洞,然后让我们去收集资料,弥补一下。有时候,作品的海量信息中,有些在编辑看来并不需要,就会被其删除，让最终作品更清楚地显露。

编辑的过程，体现的是品味。这里的品味不是通过挑选自己喜欢的东西来凸显的：比如我们喜欢听的音乐，或者百看不厌的电影。我们的品味体现在如何策划、编排我们的作品。留下哪些内容，去掉哪些内容，以及如何组织内容的结构。

你可能会被各种节奏、颜色和图案吸引，哪怕它们放在一起很不搭调。这些局部必须协调地嵌入容器才行。

容器是组织一件作品的原则。它决定了哪些元素属于此作品，哪些不属于。适合宫殿的家具，未必适合修道院。

编辑需要把自我意识放在一边。自我意识会对作品中的个别元素产生依恋，体现为自豪感。编辑的职责就是保持抽离，不为这些情感所累，找到统一和平衡。不善编辑的艺术家虽然才华横溢，但可能还是会拖累自己作品的水平，辜负自己的才华。

不要把编辑的冷漠抽离与内在的评论家混为一谈。评论家会怀疑作品，破坏作品，拿放大镜看作品，把作品挑剔得体无完肤。而编辑则会退后一步，全面地看待作品，支持其发挥全部潜力。

编辑是诗人中的专业人士。

⊙

当一个项目临近尾声时，这样做会很有帮助：大刀阔斧地把作品砍到只剩下必要的部分，进行一轮冷酷无情的编辑。

在此之前，大部分创作过程都是做加法。因此，可以把编辑过程看作项目的减法部分。它通常发生在所有制作都完工、所有选项都尝试完毕之后。

通常，人们认为编辑就是修修剪剪，去除多余的部分。在冷酷无情的编辑过程中，情况不止如此。我们是在做一系列的决定，关于哪些部分是为了让这个作品成立而必须存在的、完全必要的。

我们的目标不是将作品砍到特定长度。我们的工作是将其缩减到比应有的长度还要短。即使砍掉 5% 就已经达到你预期的长度，我们可能还会继续砍，只留一半甚至 1/3。

如果你正在制作一张要有 10 首歌的专辑，你已经录制了 20 首，那么你的编辑目标不是把它缩减到 10 首。你要把它缩减到 5 首，缩减到只剩绝对不能没有的曲目的程度。

如果你写了一本 300 多页的书，那么在不伤及精髓的前提下，试着把它缩减到 100 页以内。

除了显露作品的核心，通过这种残酷的编辑，我们还改变了自己与作品核心的关系。我们开始了解作品的底层结构，认识到什么才是真正重要的，斩断创作过程中产生的对作品的情感依恋，看清一件作品的本质。

每个组成部分有什么作用？是否放大了精髓？是否偏离了精髓？是否有利于平衡？是否对结构有贡献？是否绝对必要？

去掉了多余的部分，后退一步看，你可能会发现作品呈现为最简单的形式，而它的成功丝毫没有因此被削弱。或者，你可能还是想要恢复某些元素。只要能保持作品的完整，恢复与否只是个人喜好的问题了。

值得花点儿时间注意的是，你恢复的内容是否对作品的力量有实际的增强。我们不是为了加而加。加是为了更好。

我们的目标是让作品达到这样的程度：当你看到它时，你知道它改无可改。它不可能被编排成别的样子。这是一种平衡的感觉。

优雅的感觉。

要舍弃那些投入了大量时间和心血的元素并非易事。有些艺术家对自己精心制作的所有材料都爱到不能自拔，以至于即使没有了某个部分，整体效果会更好，也不愿意舍弃它。

查尔斯·明格斯[1]曾说："把简单的事情复杂化，没有什么了不起的。把复杂的事情简单化，简单到极致，才是创造力。"

---

[1] 查尔斯·明格斯（Charles Mingus, 1922—1979），美国爵士乐贝斯手、作曲家。——译者注

成为艺术家
意味着不断地质疑:
"如何才能更好?"
对一切来说都是如此。
包括你的艺术,
也包括你的生活。

为什么创作艺术?

⊙

随着创作活动的深入,你可能会遇到一个悖论。

归根结底,你自我表达的行动不是关于你的。

大多数选择艺术道路的人,都是因为自己别无选择。我们感到一种迫切性,一定要参与其中,仿佛出于某种原始的本能,像是在沙子里孵化的海龟受到大海的召唤一样。

我们顺从这种本能。对抗这种本能,会感觉自己仿佛在违背自然。我们如果把视线拉远，就会发现这种盲目的冲动一直都在，它指引我们越过自己，瞄准更远处。

感觉到作品正在成形的那一刻，我们会有一种心潮澎湃的感觉，随之而来的是分享的冲动，希望能让别人也感受到这种神秘的情感冲击。

这是自我表达的召唤，是我们创作的目的。这不一定是为了自我了解，或者让他人了解我们。我们分享我们的滤器、我们的观察方式，是为了引发他人的共鸣。艺术是无常生命发出的回响。

作为人类，我们来去匆匆，却有机会创作一如见证我们生命的纪念碑一样的作品。那是对我们短暂存在的长久确认。米开朗琪罗的《大卫》、最早的洞穴壁画、孩子用手指画下的风景——它们都是人的呐喊产生的回响，如同在浴室隔间里的涂鸦：

我曾在此。

当你把自己的视角贡献给世界时，其他人也能看到。其他人的滤器会折射你的视角，再传播。如此传递下去，这个过程是持续不断的。全部加在一起，就创造了我们所经历的现实。

每一件作品，无论看起来多么微不足道，都在这个巨大的循环中发挥着作用。世界不断发展。大自然会自我更新。艺术会不断演化。

我们每个人都有自己看待世界的方式。所以我们都可能感到孤立无援。艺术能够超越语言的局限，将我们彼此连接。

通过艺术的方式，我们可以让自己的内在世界朝向外面，消弭分别的界限，参与到这场伟大的回忆里来，记起生命诞生之初我们本来知道的真相：没有分别。我们本是一体。

我们活着的理由
就是向世界表达自己。
而艺术创作可能是
最有效、最美丽的方法。

艺术超越语言,超越生活。
这是一种通用的方式,
穿越时空,为彼此传送消息。

和 谐

⊙

数学的无形丝线,贯穿于一切自然之美。

我们可以在贝壳和星系的螺旋中发现相同的比例。花瓣、DNA(脱氧核糖核酸)分子、飓风和人脸也不例外。

特定的比例产生某种神圣的平衡感。

我们对美的参考点是大自然。当我们在艺术创作中遇到这些比例时,它们会抚慰我们。我们的创作灵感,就源于这些让我们敬畏的存在。

帕提侬神庙、大金字塔、达·芬奇的《维特鲁威人》、布朗库西[1]的《空间的小鸟》、巴赫的《哥德堡变奏曲》、贝多芬的《C小调第五交响曲》：这些作品都依赖于自然中相同的几何图形。

宇宙是美丽而深邃的相互依存的系统，其中蕴含着一种和谐感。当你退后一步，观察一个你已经做了一阵子的项目，发觉它呈现出你从未意识到的新的对称性时，你会感到一种平静的满足。这种兴奋的核心，仍然是平和的。秩序出现了。一种和谐的共鸣，如此清晰。你是这个精密机制的参与者。

在音乐里，和声的规则是用公式表示的。和声里的每个音符都对应一个振动波的波长，每个波长与其他波长之间都有特定的关系。根据数学原理，我们可以计算出能够和谐配对的波长。

所有元素都有波长：物体、颜色、想法。当我们把它们结合在一起时，会产生新的振动。这种振动有时和谐，有时则不和谐。

我们不需要理解数学，就能从这些振动中创作出有震撼力的作品。对有些人来说，理解数学反而会破坏他们的自然直觉。我们调谐自己，去感受和谐。智力，是我们事后想解释它的时候才会用到的。

对于不是天生就了解这些的人，假以时日，这种了解可以培养出来。通过练习调谐，你会对这些自然的共鸣更加敏感。你会更敏锐地感觉到什么平衡、什么不平衡，并识别出那些神圣的比例。当你创作或完成一件作品时，你会具备一种更清晰的认识，像一声泛音余响。和睦。融洽。诸多元素融为一体。

一件伟大的作品并不一定和谐。有时，艺术的意义在于表现不平衡或营造一种不安感。

当一首歌里不和谐的和声突然变得和谐时，就会有种令人愉悦的效果。这就是为什么不和谐的选择会引起人们的兴趣。它能产生张力和解决感，将我们的注意力吸引到我们本来不会注意到的和声上。

随着我们在创作中更深入地对齐根本性的和谐原则，我们可能会有能力在各种地方识别出同样的规律。通过长期在单一领域进行创作，我们在广泛意义上的品味也会变得更好。

当我们无法认识到周遭宇宙的和谐时，很可能是因为我们没有获得足够的数据。如果我们把视角拉得足够近或者足够远，万事万物的综合性质就会变得清晰可见。

我们就像画布上的小小一笔，仅仅立足于此，无法看到画面的整体。同样地，我们也无法把握四面八方围绕着我们的总体平衡和总体规律。

我们无法理解宇宙的内部运作方式，但实际上，这恰恰让我们与宇宙的无限性更加契合。魔法从来不在分析或理解之中。魔法，存在于我们无法了解的事物中。

---

1 康斯坦丁·布朗库西（Constantin Brâncuși，1876—1957），罗马尼亚裔法国雕塑家。——译者注

无论你如何定位自己的艺术家身份,
你的框架都太小了。

我们对自己说的话

⊙

　　我们有关于自己的故事，这些故事并不是真正的我们。

　　我们有关于创作的故事，这些故事也不是创作本身。

　　我们为了弄明白自己和自己的作品所做的一切努力，都是混淆认知的烟幕弹。它们无法照亮事物的本质。它们误导了我们。我们无法知道什么无足轻重，什么至关重要，也无法知道我们到底贡献了什么。

　　我们没完没了地讲故事给自己听，关于我们是谁，我们如何做出了这些作品。但这些都不重要。

重要的只有作品本身。实际做出来的艺术，以及带给人们的感受。

你是你。

创作是创作。

观众中的每个人都是他们自己。每个人都是独一无二的。

这里面没有一样能被真正理解，更不用说被提炼成简单的公式或者共通的语言了。

任何一个瞬间都包含亿万个数据点，而我们只收集了一小部分。我们只是靠着"穿过钥匙孔的一瞥"进行断章取义的解读，给自己续写新的故事。

我们给自己讲的每一个故事，都在否定可能性。现实被削弱。我们筑起高墙，把自己关进牢房。为了迎合我们编故事的虚构原则，真相也坍缩了。

作为艺术家，我们鼓起勇气一次次地放下这些故事，将我们的信念盲目地寄托在吸引我们前进的、令我们好奇不已的那股能量上。

艺术作品是所有元素的汇聚——宇宙、自我的棱镜、能把无形的想法转化成有形的存在的魔法与纪律。如果这一切将你引向矛盾——引向看似无法调和或无人知晓的陌生领域，这并不意味着它们不和谐。

即使在人能明确感觉到的混乱里,也存在着秩序和模式。宇宙潜流穿过万物,没有任何故事大到可以将它描述。

宇宙

从不解释原因。